石油企业岗位练兵手册

输 油 工

大庆油田有限责任公司 编

石 油 工 业 出 版 社

内容提要

本书采用问答形式，对输油工应掌握的知识和技能进行了详细介绍。主要内容可分为基本素养、基础知识、基本技能三部分。基本素养包括企业文化、发展纲要和职业道德等内容，基础知识包括与工种岗位密切相关的专业知识和HSE知识等内容，基本技能包括操作技能和常见故障判断处理等内容。本书适合输油工阅读使用。

图书在版编目（CIP）数据

输油工 / 大庆油田有限责任公司编 . —北京：石油工业出版社，2023.9

（石油企业岗位练兵手册）

ISBN 978-7-5183-6155-7

Ⅰ . ①输… Ⅱ . ①大… Ⅲ . ①输油 – 技术手册 Ⅳ . ① TE8-62

中国国家版本馆 CIP 数据核字（2023）第 142520 号

出版发行：石油工业出版社

（北京市朝阳区安华里 2 区 1 号楼 100011）

网 址：www.petropub.com

编辑部：（010）64251682

图书营销中心：（010）64523633

经 销：全国新华书店

印 刷：北京中石油彩色印刷有限责任公司

2023 年 9 月第 1 版 2023 年 9 月第 1 次印刷

880×1230 毫米 开本：1/32 印张：5.375

字数：134 千字

定价：46.00 元

（如出现印装质量问题，我社图书营销中心负责调换）

《输油工》编委会

《输油工》编审组

前言

岗位练兵是大庆油田的优良传统，是强化基本功训练、提升员工素质的重要手段。新时期、新形势下，按照全面加强“三基”工作的有关要求，为进一步强化和规范经常性岗位练兵活动，切实提高基层员工队伍的基本素质，按照“实际、实用、实效”的原则，大庆油田有限责任公司人事部组织编写、修订了基层员工《石油企业岗位练兵手册》丛书。围绕提升政治素养和业务技能的要求，本套丛书架构分为基本素养、基础知识、基本技能三部分，基本素养包括企业文化（大庆精神铁人精神、优良传统）、发展纲要和职业道德等内容；基础知识包括与工种岗位密切相关的专业知识和HSE知识等内容；基本技能包括操作技能和常见故障判断处理等内容。本套丛书的编写，严格依据最新行业规范和技术标准，同时充分结合目前专业知识更新、生产设备调整、操作工艺优化等实际情况，具有突出的实用性和规范性的特点，既能作为基层开展岗位练兵、提高业务技能的实用教材，也可以作为员工岗位自学、单位开展技能竞赛的参考资料。

希望各单位积极应用，充分发挥本套丛书的基础性作用，持续、深入地抓好基层全员培训工作，不断提升员工队伍整体素质，为实现公司科学发展提供人力资源保障。同时，希望各单位结合本套丛书的应用实践，对丛书的修改完善提出宝贵意见，以便更好地规范和丰富丛书内容，为基层扎实有效地开展岗位练兵活动提供有力支撑。

大庆油田有限责任公司人事部

2023 年 4 月 28 日

目录

第一部分　基本素养

第二部分　基础知识

第三部分　基本技能

第一部分 基本素养

企业文化

（一）名词解释

1. 石油精神：石油精神以大庆精神铁人精神为主体，是对石油战线企业精神及优良传统的高度概括和凝练升华，是我国石油队伍精神风貌的集中体现，是历代石油人对人类精神文明的杰出贡献，是石油石化企业的政治优势和文化软实力。其核心是“苦干实干”“三老四严”。

2. 大庆精神：为国争光、为民族争气的爱国主义精神；独立自主、自力更生的艰苦创业精神；讲究科学、“三老四严”的求实精神；胸怀全局、为国分忧的奉献精神，凝练为“爱国、创业、求实、奉献”8个字。

3. 铁人精神：“为国分忧、为民族争气”的爱国主义精神；“宁肯少活二十年，拼命也要拿下大油田”的忘我拼搏精神；“有条件要上，没有条件创造条件也要上”的艰苦奋斗精神；“干工作要经得起子孙万代检查”“为革命练一身硬功夫、真本事”的科学求实精神；“甘愿为党和人民当一辈子老黄牛”、埋头苦干的无私奉献精神。

4. 三超精神：超越权威，超越前人，超越自我。

5. 艰苦创业的六个传家宝：人拉肩扛精神，干打垒精神，五把铁锹闹革命精神，缝补厂精神，回收队精神，修旧利废精神。

6. 三要十不：“三要”：一要甩掉石油工业的落后帽子；二要高速度、高水平拿下大油田；三要在会战中夺冠军，争取集体荣誉。“十不”：第一，不讲条件，就是说有条件要上，没有条件创造条件上；第二，不讲时间，特别是工作紧张时，大家都不分白天黑夜地干；第三，不讲报酬，干啥都是为了革命，为了石油，而不光是为了个人的物质报酬而劳动；第四，不分级别，有工作大家一起干；第五，不讲职务高低，不管是局长、队长，都一起来；第六，不分你我，互相支援；第七，不分南北东西，就是不分玉门来的、四川来的、新疆来的，为了大会战，一个目标，大家一起上；第八，不管有无命令，只要是该干的活就抢着干；第九，不分部门，大家同心协力；第十，不分男女老少，能干什么就干什么、什么需要就干什么。这“三要十不”，激励了几万职工团结战斗、同心协力、艰苦创业，一心为会战的思想和行动，没有高度觉悟是做不到的。

7. 三老四严：对待革命事业，要当老实人，说老实话，办老实事；对待工作，要有严格的要求，严密的组织，严肃的态度，严明的纪律。

8. 四个一样：对待革命工作要做到，黑天和白天一个样，坏天气和好天气一个样，领导不在场和领导在场一个样，没有人检查和有人检查一个样。

9. 思想政治工作“两手抓”：抓生产从思想入手，抓思想从生产出发。这是大庆人正确处理思想政治工作与经济工作关系的基本原则，也是大庆人思想政治工作的一条基本经验。

10. 岗位责任制管理：大庆油田岗位责任制，是大庆石油会战时期从实践中总结出来的一整套行之有效的基础管理方法，也是大庆油田特色管理的核心内容。其实质就是把全部生产任务和管理工作落实到各个岗位上，给企业每个岗位人员都规定出具体的任务、责任，做到事事有人管，人人有专责，办事有标准，工作有检查。它包括工人岗位责任制、基层干部岗位责任制、领导干部和机关干部岗位责任制。工人岗位责任制一般包括岗位专责制、交接班制、巡回检查制、设备维修保养制、质量负责制、岗位练兵制、安全生产制、班组经济核算制等 8 项制度；基层干部岗位责任制包括岗位专责制、工作检查制、生产分析制、经济活动分析制、顶岗劳动制、学习制度等 6 项制度；领导干部和机关干部岗位责任制包括岗位专责制、现场办公制、参加劳动制、向工人学习日制、工作总结制、学习制度等 6 项制度。

11. 三基工作：以党支部建设为核心的基层建设，以岗位责任制为中心的基础工作，以岗位练兵为主要内容的基本功训练。

12. 四懂三会：这是在大庆石油会战时期提出的对各行各业技术工人必备的基本知识、基本技能的基本要求，也是“应知应会”的基本内容。四懂即懂设备结构、懂设备原理、懂设备性能、懂工艺流程。三会即会操作、会维修保养、会排除故障。

13. 五条要求：人人出手过得硬，事事做到规格化，项项工程质量全优，台台在用设备完好，处处注意勤俭节约。

14. 会战时期“五面红旗”：王进喜、马德仁、段兴枝、薛国邦、朱洪昌。

15. 新时期铁人：王启民。

16. 大庆新铁人：李新民。

17. 新时代履行岗位责任、弘扬严实作风“四条要求”：要人人体现严和实，事事体现严和实，时时体现严和实，处处体现严和实。

18. 新时代履行岗位责任、弘扬严实作风“五项措施”：开展一场学习，组织一次查摆，剖析一批案例，建立一项制度，完善一项机制。

（二）问答

1. 简述大庆油田名称的由来。

1959 年 9 月 26 日，新中国成立十周年大庆前夕，位于黑龙江省原肇州县大同镇附近的松基三井喷出了具有工业价值的油流，为了纪念这个大喜大庆的日子，当时黑龙江省委第一书记欧阳钦同志建议将该油田定名为大庆油田。

2. 中共中央何时批准大庆石油会战？

1960 年 2 月 13 日，石油工业部以党组的名义向中共中央、国务院提出了《关于东北松辽地区石油勘探情况和今后部署问题的报告》。1960 年 2 月 20 日中共中央正式批准大庆石油会战。

3. 什么是“两论”起家？

1960 年 4 月 10 日，大庆石油会战一开始，会战领导小组就以石油工业部机关党委的名义作出了《关于学习毛泽东同志所著〈实践论〉和〈矛盾论〉的决定》，号召广大会战职工学习毛泽东同志的《实践论》《矛盾论》和毛泽东同志的其他著作，以马列主义、毛泽东思想指导石油大会战，用辩证唯物主义的立场、观点、方法，认识油田规律，分析和解决会战中遇到的各种问题。广大职工说，我们的会战是靠“两论”起家的。

4. 什么是“两分法”前进？

即在任何时候，对任何事情，都要用“两分法”，形势好的时候要看到不足，保持清醒的头脑，增强忧患意识，形势严峻的时候更要一分为二，看到希望，增强发展的信心。

5. 简述会战时期“五面红旗”及其具体事迹。

“五面红旗”喻指大庆石油会战初期涌现的五位先进榜样：王进喜、马德仁、段兴枝、薛国邦、朱洪昌。钻井队长王进喜带领队伍人拉肩扛抬钻机，端水打井保开钻，在发生井喷的危急时刻，奋不顾身跳下泥浆池，用身体搅拌泥浆制服井喷。钻井队长马德仁在泥浆泵上水管线冻结时，不畏严寒，破冰下泥浆池，疏通上水管线。钻井队长段兴枝在吊车和拖拉机不足的情况下，利用钻机本身的动力设施，解决了钻机搬家的困难。大庆油田第一个采油队队长薛国邦自制绞车，给第一批油井清蜡，又手持蒸汽管下到油池里化开凝结的原油，保证了大庆油田首次原油外运列车顺利启程。工程队队长朱洪昌在供水管线漏水时，用手捂着漏点，忍着灼烧的疼痛，让焊工焊接裂缝，保证了供水工程提前竣工。

6. 大庆油田投产的第一口油井和试注成功的第一口水井各是什么？

1960 年 5 月 16 日，大庆油田第一口油井中 7-11 井投产；1960 年 10 月 18 日，大庆油田第一口注水井 7 排 11 井试注成功。

7. 大庆石油会战时期讲的“三股气”是指什么？

对一个国家来讲，就要有民气；对一个队伍来讲，就要有士气；对一个人来讲，就要有志气。三股气结合起来，就会形成强大的力量。

8. 什么是“九热一冷”工作法？

大庆石油会战中创造的一种领导工作方法。是指在 1 旬中，有 9 天“热”，1 天“冷”。每逢十日，领导干部再忙，也要坐在一起开务虚会，学习上级指示，分析形势，总结经验，从而把感性认识提高到理性认识上来，使领导作风和领导水平得到不断改进和提高。

9. 什么是“三一”“四到”“五报”交接班法？

对重要的生产部位要一点一点地交接、对主要的生产数据要一个一个地交接、对主要的生产工具要一件一件地交接。交接班时应该看到的要看到、应该听到的要听到、应该摸到的要摸到、应该闻到的要闻到。交接班时报检查部位、报部件名称、报生产状况、报存在的问题、报采取的措施，开好交接班会议，会议记录必须规范完整。

10. 大庆油田原油年产 5000 万吨以上持续稳产的时间是哪年？

1976 年至 2002 年，大庆油田实现原油年产 5000 万吨以上连续 27 年高产稳产，创造了世界同类油田开发史上的奇迹。

11. 大庆油田原油年产 4000 万吨以上持续稳产的时间是哪年？

2003 年至 2014 年，大庆油田实现原油年产 4000 万吨以上连续 12 年持续稳产，继续书写了“我为祖国献石油”新篇章。

12. 中国石油天然气集团有限公司企业精神是什么？

石油精神和大庆精神铁人精神。

13. 中国石油天然气集团有限公司的主营业务是什么？

中国石油天然气集团有限公司是国有重要骨干企业和全球主要的油气生产商和供应商之一，是集国内外油气勘探开发和新能源、炼化销售和新材料、支持和服务、资本和金融等业务于一体的综合性国际能源公司，在全球 32 个国家和地区开展油气投资业务。

14. 中国石油天然气集团有限公司的企业愿景和价值追求分别是什么？

企业愿景：建设基业长青世界一流综合性国际能源公司；

企业价值追求：绿色发展、奉献能源，为客户成长增动力、为人民幸福赋新能。

15. 中国石油天然气集团有限公司的人才发展理念是什么？

生才有道、聚才有力、理才有方、用才有效。

16. 中国石油天然气集团有限公司的质量安全环保理念是什么？

以人为本、质量至上、安全第一、环保优先。

17. 中国石油天然气集团有限公司的依法合规理念是什么？

法律至上、合规为先、诚实守信、依法维权。

发展纲要

（一）名词解释

1. 三个构建： 一是构建与时俱进的开放系统；二是构建产业成长的生态系统；三是构建崇尚奋斗的内生系统。

2. 一个加快： 加快推动新时代大庆能源革命。

3. 抓好“三件大事”： 抓好高质量原油稳产这个发展全局之要；抓好弘扬严实作风这个标准价值之基；抓好发展接续力量这个事关长远之计。

4. 谱写“四个新篇”： 奋力谱写“发展新篇”；奋力谱写“改革新篇”；奋力谱写“科技新篇”；奋力谱写“党建新篇”。

5. 统筹“五大业务”： 大力发展油气业务；协同发展服务业务；加快发展新能源业务；积极发展“走出去”业务；特色发展新产业新业态。

6.“十四五”发展目标： 实现“五个开新局”，即稳油增气开新局；绿色发展开新局；效益提升开新局；幸福生活开新局；企业党建开新局。

7. 高质量发展重要保障： 思想理论保障；人才支持保障；基础环境保障；队伍建设保障；企地协作保障。

（二）问答

1. 习近平总书记致大庆油田发现60周年贺信的内容是什么？

值此大庆油田发现60周年之际，我代表党中央，向大庆油田广大干部职工、离退休老同志及家属表示热烈的祝贺，并致以诚挚的慰问！

60年前，党中央作出石油勘探战略东移的重大决策，广大石油、地质工作者历尽艰辛发现大庆油田，翻开了中国石油开发史上具有历史转折意义的一页。60年来，几代大庆人艰苦创业、接力奋斗，在亘古荒原上建成我国最大的石油生产基地。大庆油田的卓越贡献已经镌刻在伟大祖国的历史丰碑上，大庆精神、铁人精神已经成为中华民族伟大精神的重要组成部分。

站在新的历史起点上，希望大庆油田全体干部职工不忘初心、牢记使命，大力弘扬大庆精神、铁人精神，不断改革创新，推动高质量发展，肩负起当好标杆旗帜、建设百年油田的重大责任，为实现“两个一百年”奋斗目标、实现中华民族伟大复兴的中国梦作出新的更大的贡献！

2. 当好标杆旗帜、建设百年油田的含义是什么？

当好标杆旗帜——树立了前行标尺，是我们一切工作的根本遵循。大庆油田要当好能源安全保障的标杆、国企深化改革的标杆、科技自立自强的标杆、赓续精神血脉的标杆。

建设百年油田——指明了前行方向，是我们未来发展的奋斗目标。百年油田，首先是时间的概念，追求能源主业的升级发展，建设一个基业长青的百年油田；百年油田，也是空间的拓展，追求发展舞台的开辟延伸，建设一个走向世界的百年油田；百年油田，更是精神的赓续，追求红色基因的传承弘扬，建设一个旗帜高扬的百年油田。

3. 大庆油田 60 多年的开发建设取得的辉煌历史有哪些？

大庆油田 60 多年的开发建设，为振兴发展奠定了坚实基础。建成了我国最大的石油生产基地；孕育形成了大庆精神铁人精神；创造了世界领先的陆相油田开发技术；打造了过硬的“铁人式”职工队伍；促进了区域经济社会的繁荣发展。

4. 开启建设百年油田新征程两个阶段的总体规划是什么？

第一阶段，从现在起到 2035 年，实现转型升级、高质量发展；第二阶段，从 2035 年到本世纪中叶，实现基业长青、百年发展。

5. 大庆油田“十四五”发展总体思路是什么？

坚持以习近平新时代中国特色社会主义思想为指导，深入贯彻落实党的二十大精神，牢记践行习近平总书记重要讲话重要指示批示精神特别是“9·26”贺信精神，完整、准确、全面贯彻新发展理念，服务和融入新发展格局，立足增强能源供应链稳定性和安全性，贯彻落实国家“十四五”现代能源体系规划，认真落实中国石油天然气集团有限公司党组和黑龙江省委省政府部署要求，全面加强党的领导党的建设，坚持稳中求进工作总基调，突出高质量发展主题，遵循“四个坚持”兴企方略和“四化”治企准则，推进实施以抓好“三件大事”为总纲、以谱写“四个新篇”为实践、以统筹“五大业务”为发展支撑的总体战略布局，全面提升企业的创新力、竞争力和可持续发展能力，当好标杆旗帜、建设百年油田，开创油田高质量发展新局面。

6. 大庆油田“十四五”发展基本原则是什么？

坚持“九个牢牢把握”，即牢牢把握“当好标杆旗帜”这个根本遵循；牢牢把握“市场化道路”这个基本方向；牢牢把握“低成本发展”这个核心能力；牢牢把握“绿色低碳转型”这个发展趋势；牢牢把握“科技自立自强”这个战略支撑；牢牢把握“人才强企工程”这个重大举措；牢牢把握“依法合规治企”这个内在要求；牢牢把握“加强作风建设”这个立身之本；牢牢把握“全面从严治党”这个政治引领。

7. 中国共产党第二十次全国代表大会会议主题是什么？

高举中国特色社会主义伟大旗帜，全面贯彻新时代中国特色社会主义思想，弘扬伟大建党精神，自信自强、守正创新，踔厉奋发、勇毅前行，为全面建设社会主义现代化国家、全面推进中华民族伟大复兴而团结奋斗。

8. 在中国共产党第二十次全国代表大会上的报告中，中国共产党的中心任务是什么？

从现在起，中国共产党的中心任务就是团结带领全国各族人民全面建成社会主义现代化强国、实现第二个百年奋斗目标，以中国式现代化全面推进中华民族伟大复兴。

9. 在中国共产党第二十次全国代表大会上的报告中，中国式现代化的含义是什么？

中国式现代化，是中国共产党领导的社会主义现代化，既有各国现代化的共同特征，更有基于自己国情的中国特色。中国式现代化是人口规模巨大的现代化；中国式现代化是全体人民共同富裕的现代化；中国式现代化是物质文明和精神文明相协调的现代化；中国式现代化是人与自然和谐共生的现代化；中国式现代化是走和平发展道路的现代化。

10. 在中国共产党第二十次全国代表大会上的报告中，两步走是什么？

全面建成社会主义现代化强国，总的战略安排是分两步走：从二〇二〇年到二〇三五年基本实现社会主义现代化；从二〇三五年到本世纪中叶把我国建成富强民主文明和谐美丽的社会主义现代化强国。

11. 在中国共产党第二十次全国代表大会上的报告中，“三个务必”是什么？

全党同志务必不忘初心、牢记使命，务必谦虚谨慎、艰苦奋斗，务必敢于斗争、善于斗争，坚定历史自信，增强历史主动，谱写新时代中国特色社会主义更加绚丽的华章。

12. 在中国共产党第二十次全国代表大会上的报告中，牢牢把握的“五个重大原则”是什么？

坚持和加强党的全面领导；坚持中国特色社会主义道路；坚持以人民为中心的发展思想；坚持深化改革开放；坚持发扬斗争精神。

13. 在中国共产党第二十次全国代表大会上的报告中，十年来，对党和人民事业具有重大现实意义和深远意义的三件大事是什么？

一是迎来中国共产党成立一百周年，二是中国特色社会主义进入新时代，三是完成脱贫攻坚、全面建成小康社会的历史任务，实现第一个百年奋斗目标。

14. 在中国共产党第二十次全国代表大会上的报告中，坚持“五个必由之路”的内容是什么？

全党必须牢记，坚持党的全面领导是坚持和发展中国特色社会主义的必由之路，中国特色社会主义是实现中华民族伟大复兴的必由之路，团结奋斗是中国人民创造历史伟业的必由之路，贯彻新发展理念是新时代我国发展壮大的必由之路，全面从严治党是党永葆生机活力、走好新的赶考之路的必由之路。

三、职业道德

（一）名词解释

1. 道德：是调节个人与自我、他人、社会和自然界之间关系的行为规范的总和。

2. 职业道德：是同人们的职业活动紧密联系的、符合职业特点所要求的道德准则、道德情操与道德品质的总和。

3. 爱岗敬业：爱岗就是热爱自己的工作岗位，热爱自己从事的职业；敬业就是以恭敬、严肃、负责的态度对待工作，一丝不苟，兢兢业业，专心致志。

4. 诚实守信：诚实就是真心诚意，实事求是，不虚假，不欺诈；守信就是遵守承诺，讲究信用，注重质量和信誉。

5. 劳动纪律：是用人单位为形成和维持生产经营秩序，保证劳动合同得以履行，要求全体员工在集体劳动、工作、生活过程中，以及与劳动、工作紧密相关的其他过程中必须共同遵守的规则。

6. 团结互助：指在人与人之间的关系中，为了实现共同的利益和目标，互相帮助，互相支持，团结协作，共同发展。

（二）问答

1. 社会主义精神文明建设的根本任务是什么？

适应社会主义现代化建设的需要，培育有理想、有道德、有文化、有纪律的社会主义公民，提高整个中华民族的思想道德素质和科学文化素质。

2. 我国社会主义道德建设的基本要求是什么？

爱祖国、爱人民、爱劳动、爱科学、爱社会主义。

3. 为什么要遵守职业道德？

职业道德是社会道德体系的重要组成部分，它一方面具有社会道德的一般作用，另一方面它又具有自身的特殊作用，具体表现在：(1) 调节职业交往中从业人员内部以及从业人员与服务对象间的关系。(2) 有助于维护和提高本行业的信誉。(3) 促进本行业的发展。(4) 有助于提高全社会的道德水平。

4. 爱岗敬业的基本要求是什么？

(1) 要乐业。乐业就是从内心里热爱并热心于自己所从事的职业和岗位，把干好工作当作最快乐的事，做到其乐融融。(2) 要勤业。勤业是指忠于职守，认真负责，刻苦勤奋，不懈努力。(3) 要精业。精业是指对本职工作业务纯熟，精益求精，力求使自己的技能不断提高，使自己的工作成果尽善尽美，不断地有所进步、有所发明、有所创造。

5. 诚实守信的基本要求是什么？

(1) 要诚信无欺。(2) 要讲究质量。(3) 要信守合同。

6. 职业纪律的重要性是什么？

职业纪律影响企业的形象，关系企业的成败。遵守职业纪律是企业选择员工的重要标准，关系到员工个人事业成功与发展。

7. 合作的重要性是什么？

合作是企业生产经营顺利实施的内在要求，是从业人员汲取智慧和力量的重要手段，是打造优秀团队的有效途径。

8. 奉献的重要性是什么？

奉献是企业发展的保障，是从业人员履行职业责任的必由之路，有助于创造良好的工作环境，是从业人员实现职业理想的途径。

9. 奉献的基本要求是什么？

（1）尽职尽责。要明确岗位职责，培养职责情感，全力以赴工作。（2）尊重集体。以企业利益为重，正确对待个人利益，树立职业理想。（3）为人民服务。树立为人民服务的意识，培育为人民服务的荣誉感，提高为人民服务的本领。

10. 企业员工应具备的职业素养是什么？

诚实守信、爱岗敬业、团结互助、文明礼貌、办事公道、勤劳节俭、开拓创新。

11. 培养“四有”职工队伍的主要内容是什么？

有理想、有道德、有文化、有纪律。

12. 如何做到团结互助？

（1）具备强烈的归属感。（2）参与和分享。（3）平等尊重。（4）信任。（5）协同合作。（6）顾全大局。

13. 职业道德行为养成的途径和方法是什么？

（1）在日常生活中培养。从小事做起，严格遵守行为规范；从自我做起，自觉养成良好习惯。（2）在专业学习中训练。增强职业意识，遵守职业规范；重视技能训练，提高职业素养。（3）在社会实践中体验。参加社会实践，培养职业道德；学做结合，知行统一。（4）在自我修养中提高。体验生活，经常进行“内省”；学习榜样，努力做到“慎独”。（5）在职业活动中强化。将职业道德知识内化为信念；将职业道德信念外化为行为。

14. 员工违规行为处理工作应当坚持的原则是什么？

（1）依法依规、违规必究；（2）业务主导、分级负责；（3）实事求是、客观公正；（4）惩教结合、强化预防。

15. 对员工的奖励包括哪几种？

奖励种类包括通报表彰、记功、记大功、 授予荣誉称号、成果性奖励等。在给予上述奖励时，可以是一定的物质奖励。物质奖励可以给予一次性现金奖励（奖金）或实物奖励，也可根据需要安排一定时间的带薪休假。

16. 员工违规行为处理的方式包括哪几种？

员工违规行为处理方式分为：警示诫勉、组织处理、处分、经济处罚、禁入限制。

17.《中国石油天然气集团公司反违章禁令》有哪些规定？

为进一步规范员工安全行为，防止和杜绝“三违”现象，保障员工生命安全和企业生产经营的顺利进行，特制定本禁令。

一、严禁特种作业无有效操作证人员上岗操作；

二、严禁违反操作规程操作；

三、严禁无票证从事危险作业；

四、严禁脱岗、睡岗和酒后上岗；

五、严禁违反规定运输民爆物品、放射源和危险化学品；

六、严禁违章指挥、强令他人违章作业。

员工违反上述禁令，给予行政处分；造成事故的，解除劳动合同。

第二部分 基础知识

一、专业知识

（一）名词解释

1. 长输管道： 产地、储存库、用户间用于输送油、气商品介质的管道，包括管道线路、站场及辅助设施等。

2. 站场： 对管输油气进行增压、减压、储存、注入、分输、计量、加热、冷却或清管等操作的设施及场地。

3. 输油首站： 输油管道的起点站，一般具有计量、加热、增压、清管、储存等功能。

4. 中间站： 按照其所担负的任务不同，分为加压站、加热站、热泵站，继续向管路原油提供所需能量，直至将原油输送至终点。

5. 输油末站： 输油管道的终点站，一般具有计量、储存、清管等功能。

6. 水击： 在液体管道中由于流速突然改变引起管道内压力急剧变化的现象。

7. 压力越站： 对某个增压站，输送介质不增压的运行方式。

8. 热力越站：对某个加热站，热泵站输送介质不加热的运行方式。

9. 全越站：对某个站场，输送介质不经站内工艺流程而直接输送到下站的运行方式。

10. 密闭输送流程：上站来油直接进泵，不设旁接油罐的输油流程。

11. 旁接油罐流程：设置与中间站泵入口管线连接对管道运行起缓冲作用的油罐的输油流程。

12. 原油析蜡点：原油从高温开始降温，析出石蜡时的温度称为析蜡点。

13. 原油凝点：原油在一定条件下失去流动性的最高温度称为凝点。

14. 清管器：由气体、液体或管道输送介质推动，用以清理管道的专用工具。

15. 收发球筒：又称清管器收发筒，是输油、输气等管线清扫时接收或发送清管设备的统称。它安装在管线两端，主要由筒体、快开盲板、异径管、支座、短管等部分组成。

16. 初凝：热油管道在运行过程中，由于温度降低导致输油量不断下降而压力不断上升的危险工况。

17. 静态比例混合器：利用固定在管内的混合单元体改变流体在管内的流动状态，以达到不同流体之间良好分散和充分混合目的的一种没有运动构件的高效混合设备。

18. 止回阀：是利用启闭件（阀瓣）借助介质作用力，自动阻止介质逆流的阀门。

19. 闸阀：是启闭件（阀板）由阀杆带动沿着垂直于阀

座中心线做升降运动的阀门。

20. 电液阀门：安装电磁力和液压力驱动装置启闭或调节的阀门。

21. 电动阀门：用电动装置、电磁或其他电气装置操作的阀门。

22. 气动阀门：借助空气的压力操作的阀门。

23. 泄压阀：根据系统的工作压力能自动启闭的装置，一般安装于封闭系统的设备或管路上保护系统安全。当设备或管道内压力超过泄压阀设定压力时，即自动开启泄压，保证设备和管道内介质压力在设定压力之下，保护设备和管道，防止发生意外。

24. 离心泵：离心泵是叶片式泵的一种，主要靠一个或数个叶轮旋转时产生的离心力而输送液体。

25. 往复泵：利用活塞在泵缸内往复运动改变泵缸工作容积来吸入和排出液体，属于容积泵的一种。

26. 螺杆泵：依靠螺杆相互啮合空间变化来输送液体，属于容积泵的一种。

27. 齿轮泵：依靠泵缸与啮合齿轮间所形成的工作容积变化来输送液体或使之增压的回转泵。

28. 联轴器：连接两轴轴端使其共同回转并传递转矩的一种机械部件。同时还具有补偿两轴轴线位置的偏斜、吸收振动、缓和冲击的作用。

29. 过滤器：安装在长输管道进站处或输油泵进口处，用来过滤介质中的杂质，以保护管输设备的正常使用的装置。

30. 流量：是指单位时间内排出的液体量，也称排量。体积流量用 Q 表示，单位为 m^3/s 或 m^3/h；质量流量用 G 表示，单位为 kg/s 或 kg/h。

31. 扬程：又称压头，是指单位质量液体通过泵获得能量的大小，用 H 表示，单位为 m。

32. 泵的轴功率：原动机在单位时间内给予泵轴的功，用 $N_{轴}$表示，单位为 W 或 kW。

33. 泵的有效功率：是指泵在单位时间内对被输送液体所做的功，用符号 $N_{有}$表示。

34. 泵效率：有效功率与轴功率的比值，用 η 表示。

35. 真空度：是指处于真空状态下的气体稀薄程度，是系统压强低于大气压强的数值。

36. 允许吸上真空高度：泵入口液体压力小于大气压力的极限值，称为泵的允许吸上真空高度。

37. 汽蚀余量：为防止泵发生汽蚀，在其吸入液体具有的能量（压力）值的基础上，再增加的附加能量（压力），称此附加能量为汽蚀余量。

38. 必需汽蚀余量：在规定的流量、转速和输送液体的条件下，泵达到规定性能的最小汽蚀余量。

39. 有效汽蚀余量：泵安装后实际得到的汽蚀余量，此值是由泵的安装条件决定的。

40. 转速：泵轴每分钟旋转的圈数，用 n 表示，单位为 r/min。

41. 比转速：在一系列各种流量、扬程的泵中，假想一标准水泵的扬程为 1m，流量为 75L/s 时，泵所具有的转速即比转速。

42. 离心泵的特性曲线：在一定转速下，以流量为基本变量，其他各参数随流量改变而变化的曲线，称为离心泵的特性曲线。其包括流量—扬程曲线（Q–H）、流量—效率曲线（$Q-\eta$）、流量—功率曲线（$Q-N$）、流量—汽蚀余量曲线（$Q-NPSHr$）。

43. 泵运行工作点：泵的特性曲线与管路特性曲线的相交点为泵运行工作点。

44. 汽蚀：当泵内液体压力小于或等于该温度下饱和蒸气压时，液体发生汽化产生气泡，随液体流到较高压力处，气泡突然凝结，周围液体快速集中，产生水力冲击。这种汽化和凝结产生的对泵的冲击、振动，使泵性能下降的现象，通常称为汽蚀。

45. 汽化：离心泵输送介质从液态变为气态的相变过程。

46. 拱顶罐：拱顶罐的顶盖由球形顶盖、包边角钢组成。因拱形顶盖按球形曲线组成，球形曲率半径为罐壁的直径，故称为拱顶罐。

47. 浮顶罐：在罐内液面上覆盖有随液面升降而上下浮动的浮顶，分为外浮顶罐和内浮顶罐。

48. 搅拌器：是用于油品调和或防止罐内沉积物的堆积，保证油品加热均匀的储油罐附件。

49. 量油孔：供操作人员在罐顶操作平台上进行人工检尺、取样、测温而设置的储油罐附件。

50. 油罐呼吸阀：设置在储罐顶部，通过罐内外压差自动吸入罐外气体或排出罐内气体以保持罐内气压在允许范围内的阀门。

51. 阻火器：又称为防火器、管道阻火器，是防止外部火焰窜入存有易燃易爆气体的设备、管道内或阻止火焰在设备、管道间蔓延的设备。

52. 液压安全阀：设置在罐顶用于保护油罐安全的液压驱动阀门。当呼吸阀发生故障时，能代替呼吸阀在油罐超压时自动泄放罐内油蒸气。

53. 自动通气阀：自动通气阀是浮顶的重要组成部分之一，其对于整个浮顶油罐的安全有着至关重要的作用，主要作用是在浮顶上下形成压力差时提供气体流通的通道，保障压力均衡。

54. 蒸发损耗：在石油及其产品储存过程中以蒸气形式发生的物料损失，主要包括大呼吸损耗和小呼吸损耗等。

55. 大呼吸损耗：固定顶油罐因收油作业使油蒸气排出罐外、因发油作业使油品加速蒸发和空气吸入而导致的油品损耗现象。

56. 小呼吸损耗：固定顶油罐因环境温度昼夜变化排出油蒸气、吸入空气而导致的油品损耗现象。

57. SCADA 系统：数据采集与监视控制系统。

58. 系统冗余：系统冗余是重复配置系统中的一些部件，当系统发生故障时，冗余配置的部件介入并承担故障部件的工作，由此减少系统的故障时间。系统可以通过特殊的软件或硬件自动切换到备份上，从而保证了系统不间断工作。

59. 压力管道：是利用一定的压力，用于输送气体或液体的管状设备，其范围规定为最高工作压力≥ 0.1MPa（表压）的气体、液化气体、蒸汽介质或可燃、易爆、有毒、有腐蚀性、最高工作温度大于或等于标准沸点的液体介质，且公称直径大于 25mm 的管道。

60. 变频器：是应用变频技术与微电子技术，通过改变电动机工作电源频率方式来控制交流电动机的电力控制设备。

61. UPS 电源：不间断电源，是能够提供持续、稳定、不间断的电源供应的重要外部设备。

62. 工作压力：各种设备、仪器、仪表在正常安全条件下工作，并能达到技术质量要求时所允许的压力称为工作压力。

63. 管式加热炉：是在炉管内设置一定数量的炉管，被加热介质在炉管内连续流过，通过炉管管壁将燃料在燃烧室燃烧产生的热量，传给被加热介质而使其温度升高的一种炉型。

64. 相变加热炉：是一种间接加热设备，炉内传热介质由“液相—气相—液相”这样不停转换的过程就是给介质加热的过程。相变加热炉分为微正压相变加热炉和真空相变加热炉，微正压相变加热炉的加热炉锅筒内压力不超过0.1MPa，真空相变加热炉的锅筒内压力在-0.03～-0.01MPa之间。

65. 换热器：是在具有不同温度的两种或两种以上流体之间传递热量的设备。

66. 燃烧器：是将燃料和空气按一定比例混合，以一定的速度和方向喷射而得到稳定和高效的燃烧火焰的设备。

67. 加热炉热效率：燃料燃烧时传给被加热介质的有效热量与燃料燃烧放出的总热量之比称为加热炉热效率，它是反映加热炉能耗的指标。

68. 加热炉热负荷：单位时间炉内介质吸收有效热量的能力称为加热炉热负荷，其单位为 kW。

69. 空气压缩机：是一种在压缩机中气体的体积受压缩小，使单位体积内气体分子的密度增加的一种设备。

70. 消防系统：由消防泵、管道、喷射装置等组成，当站场发生火灾后，能以水等灭火介质开展消防作业的系统。

71. 火灾自动报警系统：检测火焰和火灾，并自动报警的安全系统。一般由触发器件、火灾警报装置以及具有其他辅助功能的装置组成。

72. 泡沫灭火剂：消防泡沫灭火剂是扑救可燃易燃液体的有效灭火剂，它主要是在液体表面生成凝聚的泡沫漂浮层，起窒息和冷却作用。泡沫灭火剂分为化学泡沫、空气泡沫、氟蛋白泡沫、水成膜泡沫和抗溶性泡沫等。

（二）问答

1. 石油主要由哪些元素组成？

石油主要由 C、H、O、N、S 五种元素组成，其中 C 和 H 占 95% ～ 99%，此外还有微量金属元素和其他非金属元素。

2. 我国原油大多是“三高”原油，“三高”指的是什么？

高凝点、高含蜡、高黏度。

3. 简述长输管道的分类。

（1）按照输送介质分为：①输油管道、②输气管道、③输水管道。

（2）按照输送压力分为：①低压管道，公称压力不超过 2.5MPa；②中压管道，公称压力为 4.0 ～ 6.4MPa；③高压管道，公称压力为 10 ～ 100MPa；④超高压管道，公称压力超过 100MPa。

4. 长距离管道输油方式分为哪三种？

（1）顺序输送；（2）加热输送；（3）等温输送。

5. 原油采取加热输送的目的是什么？

通过采取提高原油的温度来降低其黏度，减少输送时的摩阻损失，并保证油流的温度始终高于凝点，以防止凝管事故的发生。

6. 长距离管道输油工艺流程有哪几种？

（1）从罐到罐工艺流程；（2）从罐到泵工艺流程；（3）从泵到炉工艺流程；（4）旁接油罐工艺流程；（5）从泵到泵工艺流程。

7. 输油、输气管道安全设施有哪些？

（1）压力、温度控制调节系统。

（2）自动报警、联锁控制保护系统。

（3）安全泄放系统。

（4）阻火器、紧急切断系统。

（5）火灾自动报警系统、火焰检测系统。

（6）可燃气体监测报警系统、有毒有害气体监测报警系统。

（7）管道泄漏监测报警系统。

（8）水击控制系统。

（9）自然灾害防护和安全保护措施。

（10）标志桩、锚固墩和警示设施。

（11）防雷、防静电设施。

8. 长输管道各站场工艺流程有哪些功能？

（1）首站功能：

①接收油罐来油；②接收返输原油进罐；③油品加热、加压输送；④油品切换及混合；⑤停输站内循环；⑥压力泄放；⑦发送清管器；⑧油品计量。

（2）中间站功能：

①油品加热、加压输送；②压力越站；③热力越站；④压力、热力全越站；⑤压力泄放；⑥接收、发送

清管器。

（3）末站功能：

①接收原油计量；②流量计标定；③压力泄放；④接收原油进罐；⑤收清管器。

9. 确定长输管道的输油温度应考虑哪些因素？

（1）输油管道、输油设备能够正常运行，保证安全生产。

（2）应采用先加热后进泵（即先炉后泵）的方式，加热温度应低于原油初馏点5℃。

（3）进站温度应高于油品凝点3℃以上。

（4）经济运行，使输油能耗费用降到最低点。

10. 输油管道的进站温度如何确定？

原油进站温度主要取决于经济比较。对凝点较高的含蜡原油，由于在凝点附近的降温曲线很陡，故其经济进站温度常略高于凝点。进站温度低于原油初馏点5℃以下，并在油罐防腐和保温材料允许温度范围内。

11. 长输管道运行中，哪些原因会造成水击发生？

（1）启、停输油泵，切换流程操作。

（2）输油参数调整。

（3）开关干线阀门。

（4）输油机组动力故障，自动停机。

（5）干线分输、泄漏，安全阀或泄流阀操作等。

12. 水击现象主要危害是什么？

水击现象的主要危害是使管路中的压力发生剧变，导致管道系统发生强烈的振动，受到压力过大的影响而导致管道严重变形甚至爆裂。

13. 密闭输送管道干线的超压保护装置有哪些？

（1）进站泄压阀；（2）出站泄压阀；（3）进出站压力调节阀。

14. 长输管道为什么要清管？

（1）清除管内结蜡及脏物。

（2）降低摩阻损失，节约输送耗能。

（3）提高管道输送能力。

15. 常用清管器有哪些？

（1）橡胶球清管器。

（2）皮碗清管器，如刮刷结合清管器。

（3）聚氨酯泡沫塑料清管器。

（4）机械清管器。

（5）用于特殊用途的管道检测清管器，如清管器探测仪，记录、检测清管器等。

16. 地上或架空管道日常检查有什么内容？

（1）检查管道连接部位（法兰、螺栓、焊缝等）有无裂缝、渗漏。

（2）检查管道、管件的密封件（动、静点）有无渗漏。

（3）对地上或架空管路，特别应注意刷漆变色部分的检查。

（4）检查管道支座及管线本身有无异常振动或变形。

（5）检查管道上各种仪器、仪表指示值是否正常。

（6）检查管道与管架（支座）相接触的部位，穿过防火堤等部位管线的腐蚀情况。

（7）检查管道，特别是与油罐连接的阀门、金属软管等是否完好，有无渗漏。

（8）检查管道系统中的泄压、胀油管、放空管线及阀门是否完好，有无渗漏。

(9) 每次批量收发油作业后，应计量油罐存油量，检查管线是否有泄漏。

(10) 必要的清洁卫生。

17. 流程操作与切换总体原则有哪些？

(1) 工艺流程的操作与切换，应由生产调度统一指挥。非特殊紧急情况（如即将或已发生火灾、爆管、凝管等重大事故），任何人员未经调度同意，不得擅自改变操作。

(2) 流程倒换前应根据具体情况填写操作卡，并进行模拟操作，在实际操作时应唱票并有专人监护。

(3) 工艺流程操作均应遵循“先开后关”的原则，即确认新流程已经导通并过油后，方可切断原流程。

(4) 流程操作开关阀门时，应缓开缓关以防止发生“水击”现象，损坏管道或设备。

(5) 具有高低压衔接部分的流程，操作时应先导通低压部位，后导通高压部位。反之，先切断高压，后切断低压。

(6) 流程切换操作应按切换规程进行，防止管道系统压力突然升高或降低。

18. 静态比例混合器的原理是什么？

静态比例混合器的混合过程是中空管路中安装的不同规格型号的混合单元开展的。因为混合单元的功效，使流体左右旋转，持续更改流动性方位，进而导致优良的轴向混合实际效果。

19. SCADA 系统的功能有哪些？

(1) 数据采集和状态显示。

(2) 远程监控。

(3) 报警和报警处理。

(4) 事故追忆和趋势分析。

（5）与其他应用系统的结合。

20. SCADA 系统的故障处置有哪些？

（1）系统死机故障，运行过程中系统数据无变化且不能对监控数据及界面进行切换判定为系统死机，应退出 SCADA 系统重新进行启动，若启动后仍无法运行，在上端 PLC 切换备用系统运行。

（2）当发生 SCADA 系统冗余时虽不会立即停机，但会出现系统停滞或者获取数据不能保存、数据丢失等现象，应及时找专业人员进行维修或者切换上端 PLC 备用系统。

（3）SCADA 系统监控数据、参数发生报警时应及时按照报警部位及设备进行及时现场确认并采取相应的应急处置。

21. SCADA 监控系统日常操作有哪些？

（1）监控操作界面的切换（温度、压力曲线界面；工艺流程界面；设备报警参数界面；运行参数监控界面等）。

（2）监控运行设备的参数及报警。

（3）通过 SCADA 监控系统监控界面对运行设备频率进行调整。

22. 电动机分为哪几类？

电动机分为交流电动机和直流电动机两大类。交流电动机又分为异步电动机（或称感应电动机）和同步电动机。直流电动机按照励磁方式的不同分为永磁、并励、串励、复励、稳定并励和它励直流电动机六种。

23. 交流电动机按其转子结构分为几种？在油田输油系统中主要应用哪种？

交流电动机按其转子结构分为三相绕线式异步电动机（转子为绕线式，并带有滑环和电刷）和三相笼式异步电动机。

在油田输油系统中，主要应用的是防爆型三相异步电动机。

24. 三相异步电动机由哪几部分组成？

三相异步电动机主要由两部分组成，即定子（固定部分）和转子（转动部分）。除此之外电动机还有机壳、端盖、轴、轴承、风扇、罩壳等部件。

25. 离心泵由哪几部分组成？

离心泵由六大部分组成：转动部分、泵壳部分、密封部分、平衡部分、轴承部分、传动部分。

26. 离心泵各部分的作用是什么？

（1）转子部分：决定泵的流量、扬程和效率。

（2）泵壳部分：将液体的动能转换为压能。

（3）密封部分：防止泵内液体泄漏和外界空气进入泵内。

（4）平衡部分：平衡离心泵运行时产生的轴向力。

（5）轴承部分：支撑泵轴并减小泵轴旋转时的摩擦力。

（6）传动部分：连接泵和电动机，传递能量。

27. 离心泵的转子部分包括哪些部件？

离心泵的转子部分由轴、叶轮、轴套以及其他套装零件组成。另外平衡轴向力的机构和机械密封的组合件等也套装在轴上。

28. 离心泵的定子部件有哪些？

离心泵的定子部件主要有轴承座、密封环、泵壳及中段、导叶、衬套、平衡套、吸入段、排出段等。

29. 离心泵的型号表示方法是什么？

第一部分为阿拉伯数字，代表泵的吸入口直径，如

150D−170×9 型泵的吸入口直径为 150mm，有的泵以英寸表示。

第二部分为汉语拼音字母，一定的字母代表了一种结构形式的离心泵，如 BA 表示单吸单级悬臂式离心泵；BZ 表示自吸式离心泵；IS 表示单级单吸清水离心泵；D 表示多级单吸清水离心泵；DF 表示耐腐蚀多级离心泵；Y 表示离心式油泵；DG 表示多级锅炉给水泵；GD 表示管道式离心泵。

第三部分由阿拉伯数字组成，代表的意义为：

（1）代表泵比转速的十分之一，如 8Sh−9 型号中的“9”表示比转速是 90。

（2）表示泵的额定流量和扬程，如 6D100−150 型号中的“100−150”表示泵的额定流量是 $100m^3/h$，额定扬程是 150m。

（3）表示额定扬程，例如 4B20 型号中的“20”表示扬程为 20m。

（4）还有一部分表示其他意义。

30. 离心泵的工作原理是什么？

叶轮在泵壳内高速旋转，产生离心力。充满叶轮的液体受离心力的作用，从叶轮的四周被高速甩出，高速流动的液体汇集在泵壳内，其速度降低，压力增大。根据液体总是要从高压区向低压区流动的原理，泵壳内的高压液体进入了压力低的出口管内（或下一级叶轮）。在叶轮将液体甩向四周的同时，在叶轮的吸入室中心处形成低压区，液体在外界大气压（或进口压力）的作用下，源源不断地进入叶轮，补充到叶轮的吸入口中心低压区，使泵连续工作。

31. 离心泵有哪些优点?

(1) 结构简单，零部件较少，便于维修。

(2) 体积小，占地面积少。

(3) 在动力足够的情况下，泵能产生的压头取决于叶轮直径和泵的转速，并且不能超出这些参数所规定的数值。

32. 离心泵有哪些缺点?

(1) 自吸能力差，容易抽空。

(2) 在低于额定流量操作时，泵的效率较低。

(3) 适用于输送黏度较低的各种液体，黏度对泵的性能影响较大。

33. 离心泵的性能参数有哪些?

离心泵的性能参数有流量、扬程、转速、功率、效率、允许吸入高度、比转速。

34. 离心泵并联工作的目的是什么?

(1) 可以增加介质的输送量，输送干线的流量等于各台并联泵输出量之和。

(2) 可以通过启停泵的台数，调节泵站的流量，以适应各种流量情况下的需要。

(3) 可以通过并联的方式进行泵的级差调节。

(4) 并联工作使泵站输送工作更为安全，若有一台出了故障，其他泵仍可继续工作。

35. 离心泵串联工作的目的是什么?

离心泵串联使用的目的是增加扬程。

36. 两台相同型号的泵串联工作后，其扬程、流量有什么变化?

两台相同型号的泵串联工作后，其扬程小于两台泵单独工作时的扬程之和；两台相同型号的泵串联工作后，其流量比一台泵单独工作时大。

37. 两台相同型号的泵并联工作后，其扬程、流量有什么变化？

两台相同型号的泵并联工作后，其扬程比并联前单台泵工作时大；其总流量理论上等于各台泵的流量之和，在实际运行中，和并联前一台泵单独工作时的流量相比，两台泵并联后的总流量小于一台泵单独工作时流量的2倍，而大于一台泵单独工作时的流量。

38. 离心泵的流量调节方法中哪种最经济？哪种最方便？

离心泵流量调节方法中，改变离心泵的转速最经济；调节泵出口阀门开度最方便。

39. 离心泵发生汽蚀的原因有哪些？

(1) 泵的安装位置距吸入液面高差过大，即泵的几何安装高度过大或吸入管太长，摩擦阻力过大，使得进入叶轮的液体压力低于该温度下的饱和蒸气压。

(2) 泵安装所在地区的大气压较低，如安装在云南、甘孜等高海拔地区。

(3) 泵所输送液体的温度较高，液体的饱和蒸气压增大。

(4) 输送的液体黏度增大。

40. 离心泵产生汽蚀的危害有哪些？

(1) 汽蚀可以产生很大的冲击力，使金属零件的表面(叶轮或泵壳) 产生凹陷或对零件引起疲劳性破坏以及产生冲蚀。

(2) 由于低压的形成，从液体中将析出氧气和其他气体。在受冲击的地方产生化学腐蚀，在机械损失和化学腐蚀的作用下，加速了液体流通部分的破坏。

（3）汽蚀开始阶段，由于发生的区域小，气泡不多，不致影响泵运行，泵的性能不会有大的改变。当汽蚀达到一定程度时，会使泵的流量、压力、效率下降，严重时会产生断流，吸不上液体，破坏了泵的正常工作。

（4）在很大的压力冲击下，可听到泵内很大的噪声，同时，泵机组产生振动。

41. 防止离心泵汽蚀的主要措施有哪些？

（1）降低液体进入叶轮的流速，可适当加大叶轮吸入口的直径，或采用双吸叶轮或降低泵的工作转速。

（2）在叶轮吸入口安装诱导轮。

（3）保证泵在泵装置中的有效汽蚀余量大于必需汽蚀余量（+0.5m），如采取降低泵的安装高度或增加泵的灌注头等方法。

（4）控制被输送液体的温度，使其不高于规定的温度值。

（5）控制泵的工作点在泵的允许工作范围之内。

（6）采用耐蚀的材料。

42. 泵常用的密封有哪些？

泵常用的密封有填料密封和机械密封两种。

43. 离心泵机械密封的原理是什么？

机械密封也称为端面密封，它是靠两块密封元件（动、静环）的光洁平直的端面相互贴合，并做相对转动的密封装置。

44. 机械密封有几个密封点？

机械密封一般有 4 个密封点，其中 3 处静密封（压盖与壳体的接合处，静环与压盖之间，动环与轴套之间）靠加密封垫或密封圈密封，1 处动密封靠动、静密封环端面的紧密贴合来实现密封的目的。

45. 安装机械密封时要注意哪几点？

(1) 注意避免安装中产生安装偏差。用塞尺检查静环压盖法兰面偏斜度，要求各点误差不大于 0.05mm。检查压盖与轴外径的配合间隙，四面要均匀，用塞尺检查，各点允差为 0.10mm。

(2) 弹簧压缩量一定要按规定进行调整，不允许有过大或过小现象，误差在 ±2mm 以内。

(3) 装配动环时，要保证其在压缩量范围内沿轴向灵活移动。

46. 提高泵的密封性能有哪些方法？

(1) 将填料密封改为机械密封：对于原来是填料密封的泵，要考虑有不同的结构形式；温度高的水泵，要考虑机械密封的端面冷却；入口为负压的水泵，要考虑机械密封的严密性；液体中含有颗粒杂质，还要考虑清洁液反冲。

(2) 改造填料密封的内部结构，使用新型密封材料：将旧泵上的水封环去掉，原石棉绳填料改为 CMS2000 密封材料，并将水封管接头处的螺孔用丝堵封死即可，其他结构不变。

47. 常用轴承的种类有哪些？

常用轴承有滚动轴承和滑动轴承。

48. 滚动轴承由哪几部分组成？

滚动轴承一般是由外圈、内圈、滚动体和保持架组成。

49. 滚动轴承常用的滚动体有哪几种结构？

常用的滚动体有球形滚子、短圆柱滚子、长圆柱滚子、空心螺旋滚子、圆锥滚子、鼓形滚子、滚针等。

50. 滚动轴承有哪些优缺点？

滚动轴承的优点：摩擦力矩小；承载能力强；位置精度

高；使用寿命长；具有互换性；维修方便且能大批量生产。

滚动轴承的缺点：尺寸较大；承受冲击载荷能力差；高速运转时噪声大。

51. 滑动轴承有哪些优缺点？

滑动轴承的优点：(1) 使用寿命长，适用于高速泵；(2) 能承受冲击和振动载荷；(3) 运转精度高，工作平稳，无噪声；(4) 结构简单，拆装方便；(5) 承载能力大，可用于重载场合。

滑动轴承的缺点：(1) 体积较大；(2) 润滑油耗量大；(3) 工作中摩擦阻力大，在启动时更大。

52. 滚动轴承的代号由哪几部分组成？代表哪些意义？

滚动轴承的代号由前置代号、基本代号和后置代号三部分组成，用字母和数字等表示：

(1) 轴承的前置代号用于表示轴承的分部件，用字母表示，如用“L”表示可分离轴承的可分离套圈，“K”表示滚子和保持架组件等。

(2) 轴承基本代号由轴承类型代号、尺寸系列代号、内径代号构成。

(3) 轴承后置代号由字母和数字组成，用以表示轴承的结构、公差及材料等特殊要求。

53. 滚动轴承的精度等级分为哪几类？

我国制造的轴承，按精度依次分为 C（超精密级）、D（精密级）、E（高级）和 G（标准级或普通级）四个等级。其中 C 级精度最高，顺次降低。

54. 滚动轴承常用的润滑方法有哪些？

(1) 油浴润滑；(2) 滴油润滑；(3) 飞溅润滑；(4) 喷油润滑。

55. 怎么鉴别滚动轴承的好坏？

（1）检查滚动体及轨道有无斑孔、凹痕、剥落。

（2）检查转动是否灵活平稳，有无卡阻、噪声和振动。

（3）检查轴承架有无变形，与内外圈有无摩擦。

（4）用铅丝测量轴承游隙是否合格。

56. 拆装滚动轴承应注意什么？

（1）施力部位要正确，轴承与轴配合打内圈，与外壳配合打外圈。

（2）施力要对称而均匀。

（3）工具、零件应清洁。

（4）用专用工具或紫铜棒敲打。

（5）过盈量大的应采用加热的方式安装。

57. 轴常见的损坏形式有哪几种？

（1）泵轴的弯曲变形。

（2）静配合表面磨损。

（3）动配合轴颈磨损。

（4）轴的表面腐蚀磨损。

58. 离心泵泵轴的工作特点是什么？

离心泵的泵轴是在弯曲和扭转联合作用下工作的，它一方面带动叶轮旋转，另一方面也承受弯曲变形，这样才能把原动机的旋转运动和扭矩传递给叶轮。所以，泵轴所受到的应力多数为变应力，它主要的受到的是疲劳损坏。

59. 离心泵分几级保养？其保养周期如何划分？

（1）例行保养，保养周期为 8h。

（2）一级保养，保养周期为 1000h±8h。

（3）二级保养，保养周期为 3000h±24h。

（4）三级保养，保养周期为 10000h±48h。

60. 简述十字作业法的内容。

十字作业法是指清洁、润滑、调整、紧固、防腐。

61. 如何拆卸泵的联轴器？

（1）拆卸时严禁用手锤直接敲打，应用拉力器或紫铜棒敲打，对过盈量大的可边加温边拆卸。

（2）拆卸前应检查联轴器上有无顶丝，轴端有无压板。

62. 拆装联轴器时应注意什么？

（1）拆卸联轴器时，不要硬性敲打，用专用工具拆卸。

（2）对于大泵，过盈量较大时可用加热法。

（3）装联轴器时，注意键槽序号。

（4）注意联轴器装配后的动平衡。

（5）若联轴器的轮毂较大，可采用较松的过渡配合。

63. 联轴器有哪些安装方法？

（1）静力压入法：采用夹钳、千斤顶、手动或液压的压力机压入。

（2）动力压入法：在轮毂的端面垫上木块、铅块等做缓冲件，依靠大锤的冲击力，把轮毂敲入。

（3）温差装配法：用加热的方法使轮毂受热膨胀，使轮毂轴孔内径大于轴端直径，就能方便地把轮毂装到轴上，冷却后恢复原尺寸，达到轮毂安装固定的作用。装配完成后检查轮毂与轴的垂直度和同轴度。

64. 联轴器为什么要找正？

联轴器所连接的两根轴的旋转中心线应该保持严格的同心，否则将会在联轴器间引起很大的应力，将严重影响轴、轴承和轴上其他零件的正常工作，甚至会引起整台机器和基础的振动或损坏事故，所以泵的联轴器必须找正。

65. 联轴器找正有哪些测量方法？

（1）直尺找正法；（2）百分表找正法。

66. 启泵前为什么要盘车？

盘车的目的是检查泵内有无不正常的现象，如转动零件卡住、杂物堵住、零件锈住，泵内介质凝固，轴封漏损，轴承缺油，轴弯曲变形等问题。盘泵检查时，试其转动的轻重是否均匀，有无异常声音。

67. 启动离心泵时，为什么要关闭出口阀门？

当泵出口阀门关死时，泵的排量为零，这时泵的功率最小。另外，当离心泵启动时，电流为额定工作电流的4倍～7倍。因此，启泵时，为减小电动机的启动负荷必须把出口阀门关死。

68. 离心泵停泵时有什么要求？

离心泵停泵前，必须先关闭出口阀门，然后再停泵。这样操作，液体输送速度是逐渐减慢的。如果突然停泵，会使管线内液体脱节，液体再次相遇时会产生水击，可能损坏管路及其管件。如果系统没有单流阀，不关闭泵出口阀门停泵，会造成输送液体倒流。

69. 输油泵机组启停时的注意事项有哪些？

（1）输油泵机组的启停，将直接影响管道系统压力的变化。切换时应提前汇报输油调度，待输油调度与上站、下站做好联系，通知后方可进行泵的切换。

（2）泵的切换程序，一般是“先启后停”。在管道系统接近最大工作压力或供电系统达到不能允许值时，也可“先停后启”。

（3）不论采取哪种切换方式，都应做好启运泵和欲停泵之间的排量调节，保证出站压力不致突增突降。

70. 离心泵停泵后为什么有时会发生倒转？

因泵出口止回阀不严或失灵，进口阀没关，使干线内高压介质进入泵内推动叶轮反转，介质经进口排出造成泵反转。

71. 离心泵产生水击的原因是什么？

（1）泵内产生汽蚀，由于气泡在高压区突然破裂，气泡周围的液体急剧向空穴靠拢，产生水击。

（2）由于突然停电，造成系统压力波动。

（3）由于突然停电，高压液柱迅猛倒灌，冲击泵出口止回阀阀板。

（4）泵出口管路的阀门关闭太快，产生冲击。

72. 油罐的分类有哪些？

（1）按材质分为金属罐、非金属罐。

（2）按油罐结构形式分为立式圆柱形油罐、卧式油罐、球形油罐。

（3）按建造方式分为地下油罐、半地下油罐、地上油罐。

（4）按油罐设计压力分为常压储油罐、低压储油罐、高压储油罐。

73. 浮顶油罐有哪些优点？

（1）减少了油罐的大小呼吸损耗。

（2）降低了油罐的腐蚀程度和速度。

（3）减少了火灾危险性。

74. 阻火器的作用是什么？

阻火器是用来阻止易燃气体、液体的火焰蔓延和防止回火而引起爆炸的安全装置。

75. 阻火器的工作原理是什么？

当有火焰通过阻火器时，金属皱纹网吸收燃烧气体的热量，使火焰熄灭，从而防止外界的火焰经呼吸阀进入罐内。阻火器熄灭火焰的原理有两种，一是器壁效应；二是传热作用。

76. 机械呼吸阀按照结构分为哪几类？

机械呼吸阀按其结构分为全天候型和普通型两种。

77. 机械呼吸阀常见故障有哪些？

机械呼吸阀常见故障主要有漏气、卡死、黏结、堵塞、冰冻、压力阀和真空阀常开等。

78. 机械呼吸阀的维护保养内容有哪些？

（1）卸下螺栓，将阀盖轻轻打开，做好方向标记。

（2）把真空阀盘和压力阀盘取出，检查阀盘、阀盘导杆及连接弹簧完好状况，清洁阀盘上的灰尘、杂物、油污。

（3）用刷子清扫阀体内灰尘、锈渣，并清理干净。

（4）更换破损密封垫片。

（5）将阀门按照标记方向安装好。

79. 罐装油品的蒸发损耗有哪几种形式？

（1）油罐气体空间自然通风损耗。

（2）静止储存油品时油罐的“小呼吸”损耗。

（3）收发油品时油罐的“大呼吸”损耗。

80. 油罐小呼吸损耗与什么因素有关？

温差大，小呼吸蒸发损失就大，温差小，蒸发损失就小；空容量大，小呼吸蒸发损失就大，空容量小，蒸发损失就小。

81. 油罐储油的安全高度是如何确定的？

（1）拱顶油罐的安全高度为泡沫发生器进罐口最低位置以下 30cm。

（2）浮顶油罐的安全高度为浮船导向装置轨道上限以

下 30cm。

82. 油罐的储油温度在什么范围？

油罐储油温度应高于原油凝点 3℃以上，低于原油初馏点 5℃以下。

83. 上罐操作时必须遵守哪些安全规定？

（1）上罐前必须消除身体静电。

（2）上罐必须使用防爆手电，但禁止在罐顶开关防爆手电。

（3）一次上罐人数不准超过 5 人。

（4）雷雨冰雪天气，禁止上罐。

（5）不准穿带钉子的鞋上罐。

（6）上罐操作必须佩戴安全带。

（7）5 级以上大风时，禁止上罐。

84. 油罐日常检查内容有哪些？

（1）油罐的温度、湿度及罐内油温的变化情况，呼吸阀的压力是否适宜。在冬季气温低于 0℃时，要按时检查油罐的机械呼吸阀阀盘是否冻结失灵，液压安全阀油封液位体的下部和边缘透气阀是否因存水冻结。

（2）新建及大修后油罐的焊缝、附属设备的连接是否渗漏。

（3）油气压力计的正压力是否超出规定，防火帽、阻火器、放水阀、油气管等是否堵塞或冻结。

（4）检查油罐、管线、阀门接头是否严密，有无渗漏，浮舱是否渗漏、有无腐蚀点。

（5）清除罐区周围 5m 内杂草及易燃物，检查罐基层有无下沉，掩体有无损坏，排水沟是否畅通。

（6）检查罐室有无积水、渗水现象，如有渗水应设法排除。检查罐室、库房内的油气浓度并适时通风排除，检查消防设备是否齐全良好；配备的备用工具是否齐全，有无挪用。

（7）使用前应细致检查浮梯是否在轨道上，导向架有无卡阻，密封装置是否完好，顶部人孔是否封闭，透气阀有无堵塞等。

（8）在使用过程中应将浮顶支柱调到最低位置。对罐顶的积水、积雪和油污要及时清理，保证浮顶正常浮动。

（9）对浮顶中央集水坑要经常检查，防止因折叠排水管转动部分失灵，顶破集水坑漏油。

（10）查库后，应将检查情况认真如实地填写在站库日检查登记簿内。

85. 油罐月（季）检查内容有哪些？

每两个月对油罐至少进行一次专门性检查，严寒地区在冬季应不少于两次，主要内容如下：

（1）各密封点、焊缝及罐体有无渗漏。油罐基础及外形有无异常变形。

（2）焊缝情况。罐体纵向、横向焊缝。进出油结合管、人孔等附件与罐体的结合焊缝。顶板和包边角钢的结合焊缝。应特别注意下层圈板的纵、横焊缝与底板结合的角焊缝有无渗漏和腐蚀裂纹等。如有渗漏，应用铜刷擦光，涂以10%的硝酸溶液，用8倍～10倍的放大镜观察，如有发现裂缝（发黑色）或针眼，应及时上报修理。

（3）罐壁凹陷、折皱、鼓泡一经发现，应立即上报、检查测量，超过规定标准应报大修。

（4）无力矩油罐应首先检查罐顶是否起呼吸作用，然后再检查罐体其他情况。

（5）检查油罐进出油阀门及连接部位是否完好。当发现罐体缺陷时，应用鲜明的油漆标明，以便处理。

86. 油罐年（大修）检查内容有哪些？

立式油罐每 3 ～ 5 年（洞库和覆土油罐每 3 年）应结合清洗油罐进行一次罐内部全面检查。主要内容有：

（1）对底板底圈逐块检查，发现腐蚀处可用铜质尖头小锤敲去腐蚀层。用深度游标卡尺、声波测厚仪测量，对每块钢板，一般用测厚仪各测 3 个点。

（2）检查罐顶行架的各个构件位置是否正确，有无扭曲的挠度，各交接处的焊缝有无裂纹和咬边。

（3）检查无力矩油罐中心柱的垂直度、柱的位置有无移动，支柱下部有无局部下沉，检查各部件的连接情况。

（4）检查罐底的凹陷和倾斜，可用注水法或使用水平仪测量。用小锤敲击检查局部凹陷的空穴范围。

（5）每年雨季前检查一次油罐护坡有无裂缝、破裂或严重下沉。

87. 油罐底板哪部分最易受腐蚀？

油罐底板中央部分腐蚀最厉害，因为氧更容易到达电极的边缘（即边缘效应），因此，在同一水平面上的金属构件的边缘就成为阴极，比成为阳极的构件中央部分腐蚀要轻微得多，地下大型储罐的腐蚀情况就是如此。

88. 金属的腐蚀是如何分类的？

金属的腐蚀一般可分为两大类：化学腐蚀、电化学腐蚀。

89. 化学腐蚀的特点是什么？

（1）在腐蚀过程中没有电流产生。

（2）腐蚀产物直接生成于发生化学反应的表面区域。

90. 阀门主要由哪几部分组成？

阀门主要由执行机构和阀体组成。

91. 阀门的作用是什么？

（1）截断液体的流动。

（2）调节管路中液体的流量。

（3）控制管路中液体的流动方向。

92. 油库常用阀门有哪些？

油库常用阀门主要有闸阀、截止阀、旋塞阀、球阀、蝶阀、止回阀、安全阀、减压阀、节流阀等。此外，还有储油罐专用的呼吸阀和液压安全阀。

93. 阀门按用途分哪几类？

（1）截断阀。主要用于截断或接通介质流量，包括闸阀、截止阀、隔膜阀、旋塞阀、球阀和蝶阀等。

（2）调节阀。主要用于调节介质的流量、压力等，包括调节阀、节流阀和减压阀等。

（3）止回阀。用于阻止介质倒流，包括各种结构的止回阀。

（4）分流阀。用于分配、分离或混合介质，包括各种结构的分配阀和疏水阀。

（5）安全阀。用于超压安全保护，包括各种类型的安全阀。

94. 阀门按公称压力分为哪几类？

（1）真空阀门，公称压力＜0.1MPa。

（2）低压阀门，公称压力≤1.6MPa。

（3）中压阀门，2.5MPa＜公称压力≤6.4MPa。

（4）高压阀门，10MPa＜公称压力≤80MPa。

（5）超高压阀门，公称压力≥100MPa。

95. 阀门按驱动方式分为哪几类？

（1）手动阀门。借助手轮、手柄、杠杆或链轮等，由人力驱动的阀门，传递较大的力矩时，装有蜗轮、齿轮等减速装置。

（2）电动阀门。用电动机、电磁或其他电气装置驱动的阀门。

（3）液动阀门。借助液体（水、油等液体介质）驱动的阀门。

（4）气动阀门。借助压缩空气驱动的阀门。

（5）自动阀门。有些阀门依靠输送介质本身的能力而自行动作，如止回阀、疏水阀等 。

（6）另外还有以上驱动方式组合的，如电—气阀门。

96. 阀门的基本参数有哪些？

阀门的基本参数主要是公称尺寸、公称压力、压力—温度等级、适用温度、适用介质、流量系数、开启力矩等。

97. 截止阀的结构有哪些？

截止阀的结构包括（1）阀体；（2）阀盖；（3）阀杆；（4）阀杆螺母；（5）阀瓣；（6）阀座；（7）填料函；（8）密封填料；（9）填料压盖；（10）传动装置等组成。

98. 阀门与管道连接方式有几种？

阀门与管道的连接方式包括（1）法兰连接；（2）螺纹连接；（3）焊接连接；（4）夹箍连接；（5）卡套连接；（6）对夹连接。

99. 闸阀有哪些特点？

（1）流动阻力小，结构长度小，启闭较有力。

（2）介质流动方向不受限制，启闭时间长。

（3）密封面易擦伤，结构复杂，成本高。

100. 截止阀有哪些特点？

（1）结构简单，制造方便，密封性能好，使用寿命长。

（2）启闭快，关闭高度小；关闭时，克服力矩大，通径受限制。

（3）流动阻力大、介质受方向限制。

101. 止回阀的作用是什么？

它的作用是防止管路中介质倒流。止回阀属于自动阀类，其启闭动作是由介质本身的能量来驱动的。

102. 针型阀有哪些特点？

针型阀的特点是密封性良好、使用寿命长，即使密封面损坏后，只需要更换易损零件即可继续使用。

103. 电液执行机构调节阀有哪些特点？

电液驱动装置能提供精确的定位。使用压力高达13MPa可获得快速反应，速比为4 ：1 ～ 15 ：1。推力超过100kN，通常由这类驱动装置提供。在缺乏气源的地方，这类本身带有液压动力机组的驱动装置是非常有用的。

104. 电动执行机构调节阀有哪些特点？

能源取用方便，信号传输速度快，便于远距离传送，具有较高的灵敏度。

105. 气动执行机构调节阀有哪些特点？

气动执行机构节阀具有结构简单、动作可靠、维修方便、价格低廉等优点。它通常接受20 ～ 100kPa的标准信号压力，带定位器时，接受最高压力为250kPa，其行程规格有10、16、25、40、60、100六种。

106. 管路截断阀的作用是什么？

管路截断阀属于一种开关型阀，是管道安全运行的重要保障。长输管线上设置截断阀，当管道发生破裂时能紧急自动关闭阀门，减少泄漏损失，同时防止事故进一步扩大，减少对环境的污染，也用于施工及投产时管道的分段试验区。

107. 安全阀的作用是什么？

当压力达到或超过设定压力时安全阀自动开启，排放介质，从而降低过高的压力，用来保护压力容器运行安全。

108. 安全阀定期校验是如何规定的？

安全阀定期校验每年至少一次。

109. 压力表的作用是什么？

压力表是观察压力变化，掌握生产动态的计量仪表，它的准确性直接关系到录取资料的准确性，因此除正确使用压力表外还要定期进行校对。

110. 压力表下为什么要安装表接头？

（1）压力表的螺纹和阀门的螺纹不一样，一个是公制螺纹，一个是英制的螺纹。

（2）压力表螺纹多是软质金属（铜），拆卸次数多了容易损坏，装表接头后，既能使螺纹规格相符又延长压力表使用寿命。

111. 如何正确读取压力表的压力值？

（1）眼睛对准压力表表盘刻度，眼睛、表针和刻度之间成垂直于表盘的直线。

（2）如果指针摆动，应多读取几次，取平均值，确保结果准确。

112. 压力表盘下部数字是什么意思？

压力表盘下部写有“0.5”“1.5”“2.5”，这些数字是压力表精度等级，如量程为25MPa的压力表，精确度为0.5，其最大误差为0.125MPa（25MPa×0.5%）。

113. 油田常用加热炉的类型有哪几种?

(1) 管式加热炉。

(2) 火筒式加热炉。

(3) 水套式加热炉。

(4) 真空相变加热炉。

114. 加热炉的传热形式有哪几种?

加热炉的传热形式包括热传导、热对流、热辐射。

115. 加热炉缺水有什么危害?

加热炉缺水，轻者能使加热炉炉管受热变形、鼓包或裂纹，重者能使炉管爆破或加热炉爆炸。

116. 加热炉炉膛温度和排烟温度一般为多少?

加热炉的炉膛温度一般为 750 ～ 850℃，排烟温度一般为 160 ～ 250℃。

117. 加热炉安全附件包括哪些?

加热炉安全附件包括安全阀、压力表、温度测量仪表、报警装置、液位计、防爆门、熄火保护装置。

118. 运行中加热炉燃烧不正常，需进行哪些方面的检查?

(1) 检查燃油压力、油温、燃气压力。

(2) 检查燃料和空气配比。

(3) 检查油嘴结焦、雾化片旋转槽堵塞、燃烧器结焦。

(4) 检查油枪和燃烧器配合位置。

119. 加热炉回火的原因有哪些?

(1) (气) 风比例不合理。

(2) 烟道挡板开启位置不合理。

(3) 燃油 (气) 压力不合理。

(4) 火嘴结焦堵塞或损坏。

（5）炉膛结焦。

（6）火嘴偏斜。

（7）加热炉超负荷运行，烟气排不出去。

120. 加热炉打呛的原因有哪些？

（1）燃料油雾化不好，燃烧不完全。

（2）火嘴灭火后继续喷油，未及时处理。

（3）烟道挡板开度小。

（4）炉超负荷运行，烟气排不出去。

（5）炉膛内残存可燃气体，点火前未吹扫干净。

121. 加热炉排烟温度高的原因有哪些？

（1）烟管内有大量烟灰（如燃油不充分）。

（2）燃烧器运行时最大燃油量或燃气量已超出额定指标。

（3）燃料和空气配比不当。

122. 真空相变加热炉换热效果差的原因有哪些？

（1）锅筒内有空气。

（2）负荷太大。

（3）加热盘管内结垢。

（4）燃烧器配风量小，燃料流量小，负荷小。

（5）烟管内有大量烟灰。

（6）如果是初安装的加热炉，可能是设计负荷不足。

123. 翻板磁浮子液位计失灵的原因有哪些？

（1）液位计无保温，介质凝固。

（2）液位计浮子卡住不动作。

（3）液位传感器工作温度不正常。

124. 换热器的分类有哪些？

（1）按用途可分为热交换器、冷凝器、蒸发器、加热器和冷却器等。

（2）按结构可分为管壳式、套管式、板壳式、螺旋板式和板式等多种类型。

（3）按其传热特征可分为混合式换热器、蓄热式换热器和间壁式换热器。

125. 换热器的工作原理是什么？

换热器传热是温度不同的两种介质之间的热传递。根据能量守恒定律，热传递也是一种热能量的平衡。在工业中使用的换热器，无论何种材料和结构，一般传导传热、对流传热和辐射传热并存。主要的传热过程是热介质通过管壁将热量传递给冷介质，即热介质先将热量传递给管壁，再由管壁将热量传递给冷介质。这一过程既有对流传热又有传导传热，这就是换热器传热的基本原理。

126. 换热器的结构有哪些？

以管壳式换热器为例，主要是由圆筒形壳体、管箱、管板、传热管、折流板、放空阀、前后支座、冷热流体进出口等部件组成。

127. 换热器的工艺流程是什么？

换热器多采用三级联装工艺流程。在运行时，可采用并联方式或串联方式，串联方式可以使原油的受热温度比较高，并联方式可以使原油的流量比较大。

128. 可燃气体报警器具有哪些功能？

（1）可燃气体浓度显示功能。

（2）可燃气体报警功能。

（3）故障报警功能。

（4）自检功能。

（5）消音、复位功能。

129. 可燃气体报警器检测内容及标准是什么？发生报警应如何处置？

（1）报警器显示器所显示的数值，实际是报警器探头周围的原油气体浓度占原油气体爆炸浓度极限（1.8% ～ 5%）的下限值的百分数值。

（2）扩散式响应时间≤ 60s；吸入式的响应时间≤ 30s；零点漂移在满量程的 ±3%；量程漂移在满量程的 ±2%。

（3）（报警范围 20% ～ 40%）当报警器探头周围的原油气体浓度达到原油气体爆炸浓度极限的下限值（1.8%）的 20% 时，发出低报警；至 40% 时发出高报警。

当报警器发出报警时，探头周围的原油气体浓度还达不到爆炸浓度极限范围，这样就能够有充分的时间来处理出现的问题，确定报警源位置，然后查找报警的原因。可控制可燃气体来源，打开门窗通风，防止油气积聚，降低油气浓度。

130. 可燃气体报警器的自测及检测周期是多长时间？

可燃气体报警器自测周期为一周，检测周期为 6 个月。

131. 泡沫液的作用是什么？

将泡沫液与水按比例混合，利用管道或水袋输送至泡沫产生装置，将产生的空气泡沫混合液按一定比例喷出，以覆盖或淹没实现灭火。

132. 泡沫液的储存要求有哪些？

（1）泡沫液的储量应满足设计要求。

（2）泡沫液储存环境温度为 0 ～ 40℃，且储存在通风干燥的地方。

（3）泡沫液罐储存的泡沫液使用后应及时补充。

（4）对储存到期的泡沫液应提前进行取样化验，合格的应每年进行 1 次取样化验，不合格的应及时更换。

（5）泡沫液储罐应设置使用标识牌，注明泡沫液类型、出厂日期、储存期等内容。

133. 消防水的储存要求有哪些？

（1）消防水储量、水罐补水时间应满足设计要求。

（2）消防水温应为 4℃～ 35℃。

HSE 知识

（一）名词解释

1. HSE：是健康（Health）、安全（Safety）和环境（Environment）英文缩略语。

2. HSE 管理体系：指的是健康（Health）、安全（Safety）和环境（Environment）三位一体的管理体系。该体系是一种事前通过识别与评价，确定在活动中可能存在的危害及后果的严重性，从而采取有效的防范手段、控制措施和应急预案来防止事故的发生或把风险降到最低程度，以减少人员伤害、财产损失和环境污染的有效管理方法。

3. 风险：在 HSE 管理体系中是指某一特定危害事件发生的可能性与后果严重性的组合，是特定事件发生的概率和可能危害后果的函数：风险 = 可能性 × 后果的严重程度。

4. 危险：是指可能导致事故的状态，它是指事物处于一种不安全的状态，是可能发生潜在事故的征兆。

5. 风险评价：是指评估风险程度以及确定风险是否可允许的全过程。

6. 风险控制：是指利用工程技术、教育和管理手段消除、替代和控制危害因素，防止发生事故、造成人员伤亡和财产损失。

7. 现场观察法：是一种通过检视生产作业区域所处地理环境、周边自然条件、场内功能区划分、设施布局、作业环境等来辨识存在危害因素的方法。

8. 安全检查表法：是为检查某一系统、设备以及操作管理和组织措施中的不安全因素，事先对检查对象加以剖析和分解，并根据理论知识、实践经验、有关标准规范和事故信息等确定检查的项目和要点，以提问的方式将检查项目和要点按系统编制成表，在检查时按规定项目进行检查和评价以辨识危害因素的方法。

9. "5×5" 危害事件识别法：是指从 5 个方向（上、下、前、后、侧）分别考虑 5 个要素（人、机、料、环、法）进行危害事件识别的方法。

10. 预先危险分析法：是指在进行某项工程活动（包括设计、施工、生产、维修等）之前，对系统存在的各种危险因素、出现条件以及事故可能造成的后果，进行宏观概略分析的系统安全分析方法。

11. 工作前安全分析：是指在作业前，由作业负责人组织施工作业人员辨识作业环境、场地、设备工具、人员，以及整个作业过程中存在的危害，从而提前制订防范措施，避免或减少事故发生的一种风险防控方法。

12. 作业许可：通常是针对非常规作业和高危作业，采取的许可审批措施，实现对危害和风险的有效辨识、评估、沟通和遵守，从而保证作业过程的安全。

13. 上锁挂签：是在生产运行、检维修作业或其他作业过程中，为防止人员误操作导致危险能量和物料的意外释放（如计量工艺切换，防止阀组误操作；维修离心泵，意外启动造成伤害；管网维修，管网内物料意外涌出等）而采取的一种对动力源、危险源进行锁定、挂签的风险管控措施。

14. 工作循环分析： 是针对基层使用的作业规程、设备操作及维护保养规程，通过与员工实际操作进行对比分析，从而发现规程缺陷，进而提出修订意见并达到完善规程的方法。

15. 两书一表：“两书一表”是“HSE 作业指导书”“HSE 作业计划书”和“HSE 现场检查表”，是中国石油天然气集团有限公司基层组织 HSE 管理的基本模式，是 HSE 管理体系在基层安全生产管控的具体实施方法。

16. 属地： 员工所负责日常管理的工作区域，可包含作业场所、实物物资和人员。属地应有明确的范围界限，有具体的管理对象（人、物等），有清晰的标准和要求。

17. 属地管理： 对属地内的管理对象按标准和要求进行组织、协调、领导和控制。

18. 属地标识： 关键属地区域要有明确的标识，注明属地区域名称、负责的设备设施、属地主管等。

19. 事件： 发生或可能发生的与工作相关的健康损害或人身伤害（无论严重程度），或死亡情况。事件的发生可能造成事故，也可能未必造成任何损失，因此说事件包括事故。

20. 事故： 是人（个人或集体）在为实现某种意图而进行的活动过程中，突然发生的、违反人的意志的、迫使活动暂时或永久停止的事件。

（二）问答

1. 哪些物质易产生静电？

金属、木柴、塑料、化纤、油制品等易产生静电。

2. 防止静电有哪几种措施？

防止静电的措施包括：增加湿度；采用人体静电消除器；采用高压电晕放电式消除器；采用离子流静电消除器；设置静电释放装置；采用防静电鞋；采用防静电服经地面导电。

3. 消除静电的方法有哪几种？

消除静电的方法包括：（1）接地与跨接；（2）增湿；（3）加抗静电添加剂；（4）使用静电中和器；（5）工艺控制法。

4. 人体发生触电的原因是什么？

在电路中，人体的一部分接触相线，另一部分接触其他导体，就会发生触电。触电的原因包括：（1）违规操作；（2）绝缘性能差，漏电，接地保护失灵，设备外壳带电；（3）工作环境过于潮湿，未采取预防触电措施；（4）接触断落的架空输电线或地下电缆漏电。

5. 触电的现场急救方法主要有哪几种？

触电的现场急救方法主要包括人工呼吸法、人工胸外心脏挤压法两种。

6. 预防触电事故的措施有哪些？

预防触电事故的措施主要是指为了防止直接电击或间接电击而采取的通用基本安全措施，包括绝缘防护、屏障防护、安全间距防护、接地接零保护、漏电保护和安全电压等措施。

7. 安全用电注意事项有哪些？

（1）人手潮湿（有水或出汗）不可去触及带电设备和电源线，更不可用湿布去擦抹电气装置和用电器具，人体不要接触带电裸线、接地线和带电（漏电）设备。

(2) 各种电气设备、金属外壳必须有接地线的安全措施，在漏电情况下能够使金属外壳带的电荷及时导入大地。

(3) 在通用电气设备上，外面无绝缘隔离或绝缘已损坏的情况下，人体不要直接与通电设备接触，非专业电工不可安装或拆卸电气设备、装置和线路。

(4) 在电气设备发生火灾时，首先应立即断开电源。

(5) 不可用金属线（如铁丝、铜丝）绑扎电源线。

(6) 堆放物资，安装其他设施或搬移各种物体，要与带电的设备或导线相隔一定的安全距离（其中包括树枝与架空线的间隔距离）：电压等级 1kV 以下，最小安全距离 2.0m；电压等级 10kV，最小安全距离 3.0m；电压等级 35kV，最小安全距离 4.0m；电压等级 110kV，最小安全距离 5.0m；电压等级 220kV，最小安全距离 6.0m。

(7) 雷雨天气，不可走近高压电杆、铁塔和避雷针的接地导线周围，至少要相距 10m 远，以防雷电入地时周围存在跨步电压而造成触电。

(8) 当有架空线断裂落到地面时，不能走近，要相距 10m 以外。

8. 油气站库常用的消防器材有哪些？

油气站库常用的消防器材有灭火器、消防桶、消防锹、消防沙、消防镐、消防钩、消防斧、灭火毯等。

9. 油、气、电着火如何处理？

(1) 切断油、气、电源，放掉容器内压力，隔离或搬走易燃物。

(2) 刚起火或小面积着火，在人身安全得到保证的情况下要迅速灭火，可用灭火器、湿毛毡、棉衣等灭火，若不能及时灭火，要控制火势，阻止火势向油、气方向蔓延。

（3）大面积着火，或火势较猛，应立即报火警。

（4）油池着火，勿用水灭火。

（5）电器着火，在没切断电源时，只能用二氧化碳灭火器、干粉灭火器等灭火。

10. 触电急救有哪些原则？

进行触电急救，应坚持迅速、就地、准确、坚持的原则。

11. 触电急救要点是什么？

（1）发现有人触电，确定现场环境及自身安全的前提下才能进入现场救人。立即切断电源，用干燥木棒、皮带等绝缘物品挑开触电者身上的带电品。

（2）若触电者神志不清，但呼吸、心跳正常，可就地舒适平卧，保持空气流通，解开衣领以利呼吸，天冷时注意保暖。

（3）若触电者呼吸困难或心律失常，应迅速进行人工呼吸或胸外心脏按压术。心肺复苏应在现场就地坚持进行，不要随意移动伤员；确需移动的，抢救中断时间不超过30s。

（4）尽快将伤员送往医院，途中应继续进行心肺复苏抢救。运送伤员时应使用担架车并在其背部垫以硬质板材，不可让伤员身体蜷曲着进行搬运。

（5）电击引起创伤时应及时处理。外伤创面，可用无菌生理盐水冲洗后，用消毒纱布包扎。如伤口大出血，压迫止血法是最迅速的临时止血法，止血后再用消毒纱布包扎。对于因触电摔伤而骨折的触电者，应先止血、包扎，然后用木板、竹竿、木棍等物品将骨折肢体临时固定，并迅速送医院。

12. 如何判定触电伤员呼吸、心跳？

使触电者脱离电源后，立即将其移到通风的地方，使其仰卧，迅速鉴定触电者是否有心跳、呼吸，可用耳贴近触电者胸部听是否有心跳；或用手摸颈动脉和腹股沟处的股动脉有无搏动，或用薄纸放在触电者鼻孔处检查是否有呼吸。

13. 安全标志的构成及分类有哪些？

安全标志是由图形符号、安全色、几何形状（边框）或文字构成，用以表达特定安全信息。安全标志包括禁止标志、警告标志、指令标志、提示标志四类。

14. 安全色的概念是什么？

安全色是用以表达禁止、警告、指令、指示等传递安全信息含义的颜色，我国规定的安全色为红、黄、蓝、绿四种颜色。

15. 燃烧和火灾发生的必要条件有哪些？

同时具备可燃物、助燃物（氧化剂）和引火源，这三个要素中缺少任何一个，燃烧都不能发生或持续。阻断三要素的任何一个要素就可以扑灭火灾。

16. 火灾的分类是什么？

根据可燃物的类型和燃烧特性将火灾分为六个不同的类型。

（1）A 类火灾：固体物质火灾。

（2）B 类火灾：液体或可熔化的固体物质火灾。

（3）C 类火灾：气体火灾。

（4）D 类火灾：金属火灾。

（5）E 类火灾：带电火灾，物体带电燃烧的火灾。

（6）F 类火灾：烹饪器具内的烹饪物（如动植物油脂）火灾。

17. 火灾发展规律是什么？

通过对大量火灾事故的研究分析得出，典型火灾事故的发展分为初期、发展期、最盛期、减弱期和熄灭期。

18. 灭火的基本原理有哪几种？

灭火的基本原理可以归纳为四种：冷却、窒息、隔离和化学抑制。前三种灭火作用主要是物理过程，化学抑制是化学过程。不论是使用灭火剂还是通过其他机械方式来灭火，都是利用上述四种原理中的一种或多种结合来实现的。

19. 灭火器的种类有哪些？

不同种类灭火器，适用于不同物质的火灾，其结构和使用方法也各有不同。

（1）按移动方式可分为手提式灭火器和推车式灭火器。

（2）按驱动灭火剂的动力源可分为储气瓶式灭火器、储压式灭火器。

（3）按所充装的灭火剂可分为：水基型灭火器、干粉灭火器、二氧化碳灭火器、洁净气体灭火器等。

20. 手提式干粉灭火器如何使用？适用于哪些火灾的扑救？

（1）使用方法：首先拔掉保险销，然后一手将拉环拉起或压下压把，另一只手握住喷管，对准火源根部灭火。

⑵ 适用范围：扑救液体火灾、带电设备火灾和遇水燃烧等物品的火灾，特别适用于扑救气体火灾。

21. 使用干粉灭火器的注意事项有哪些？

⑴ 要注意风向和火势，确保人员安全。

⑵ 操作时要保持瓶身竖直，不能横置或倒置，否则易导致不能将灭火剂喷出。

22. 二氧化碳灭火器如何使用？适用哪些火灾的扑救？

二氧化碳灭火器主要为手提式，分为鸭嘴式和手轮式两种，大容量的有推车式。使用鸭嘴式二氧化碳灭火器时，先拔去保险销，一手拿喷筒对准火源，一手握紧鸭舌，气体即可喷出，不用时将手放松，阀门即自行关闭。使用手轮式二氧化碳灭火器时，先将铅封去掉，一手拿喷筒对准燃烧物，一手逆时针拧开梅花轮，气体即可喷出。

23. 使用二氧化碳灭火器的注意事项有哪些？

⑴ 二氧化碳灭火器在喷射过程中应保持直立状态，切不可平放或颠倒使用；不要用手直接握住喷筒金属管，以防冻伤。

⑵ 在狭小的室内空间使用时，灭火后操作者应迅速撤离，以防被二氧化碳窒息而发生意外。

⑶ 扑救室内火灾后，应先开窗通风再进入，以防窒息。

⑷ 应每月对二氧化碳灭火器进行称重检查，发现质量减少 5% 或 50g（取两者最小值）以上，应及时由厂家予以检查和补充。

⑸ 二氧化碳灭火器放置环境温度不得低于 0℃或高于 49℃。

24. 如何报火警？

一旦失火，要立即报警，报警越早，损失越小。打电话时，一定要沉着。首先要记清火警电话“119”，接通电话后，要向接警中心讲清失火单位的名称、地址、什么东西着火、火势大小以及火的范围。同时还要注意听清对方提出的问题，以便正确回答。随后，把自己的电话号码和姓名告诉对方，以便联系。打完电话后，要立即派人到交叉路口等待消防车的到来，以利于引导消防车迅速赶到火灾现场。还要迅速组织人员疏散消防通道，消除障碍物，使消防车到达火场后能立即进入最佳位置灭火救援。

25. 泵房发生火灾的应急措施有哪些？

（1）切断通往泵房的所有电源，如值班室不能操作，应及时通知变电所切断通往本岗电源。

（2）直接用灭火器和防火砂灭火，如火势较大，立即拨打“119”火警电话。

（3）向值班干部汇报。

（4）导通事故流程。

（5）打开所有消防通道，引导消防车进入现场。

（6）灭火后，认真分析火灾原因。

（7）如果设备无损伤，应及时恢复正常生产。

（8）做好记录。

26. 为什么要使用防爆电气设备？

有石油蒸气的场所，电气设备发生短路、碰壳接地、触头分离等情况，会产生电火花，可能引起油蒸气爆炸。因此，在有石油蒸气场所，必须使用防爆型电气设备。

27. 哪些场所应使用防爆电气设备？

在输送、装卸、装罐、倒装易燃液体的作业场所应使用防爆电气设备；在传输、装卸、装罐，倒装可燃气体的作业场所应使用封闭式电气设备。例如，在石油蒸气聚集较多的油泵房、油罐桶间等场所，所使用的电动机、启动器、开关、漏电保护器、接线盒、插座、按钮、电铃、照明灯具等，都必须是防爆电气设备。

28. 油气聚集场所，爆炸条件成熟以前采取哪些防爆措施？

(1) 加强通风，降低形成爆炸混合物的浓度，降低危险等级。

(2) 合理配备现代化防爆设备。

(3) 采用科学仪器，从多方面监测爆炸条件的形成和发展，以便及时报警。

29. 防止高处坠落的措施有哪些？

(1) 加强对操作人员的安全教育，做到进入操作场地要戴好安全帽，登高时能扣安全带的，一定要扣好安全带，严禁穿皮鞋和塑料硬底鞋登高作业。

(2) 定期做好登高操作人员的健康检查，凡患有心脏病、高血压、癫痫病、精神病、美尼尔氏症、严重贫血、严重关节炎或手脚残废等人员严禁登高作业。

30. 安全带通常使用期限为几年？几年抽检一次？

安全带通常使用期限为 3 ～ 5 年，发现异常应提前报废。一般安全带使用 2 年后，按批量购入情况应抽检一次。

31. 使用安全带时有哪些注意事项？

(1) 安全带应高挂低用，注意防止摆动碰撞，使用 3m

以上的长绳时应加缓冲器，自锁钩用吊绳例外。

（2）缓冲器、速差式装置和自锁钩可以串联使用。

（3）不准将绳打结使用，也不准将钩直接挂在安全绳上使用，应挂在连接环上使用。

（4）安全带上的各种部件不得随意拆卸，更换新绳时应注意加绳套。

32. 哪些原因容易导致机械伤害发生？

（1）工具、夹具、刀具不牢固，导致工件飞出伤人。

（2）设备缺少安全防护设施。

（3）操作现场杂乱，通道不畅通。

（4）金属切屑飞溅等。

33. 为防止机械伤害事故，有哪些安全要求？

对机械伤害的防护要做到“转动有罩、转轴有套、区域有栏”，防止衣袖、发辫和手持工具被绞入机器。

34. 外伤急救步骤是什么？

外伤急救步骤包括止血、包扎、固定、送医院。

35. 有害气体中毒急救措施有哪些？

（1）气体中毒开始时有流泪、眼痛、呛咳、眼部干燥等症状，应引起警惕，稍重时头昏、气促、胸闷、眩晕，严重时会引起惊厥昏迷。

（2）如果怀疑可能存在有害气体时，应立即将人员撤离现场，转移到通风良好处休息，抢救人员进入险区必须佩戴正压式空气呼吸器。

（3）已昏迷人员应保持气道通畅，有条件时给昏迷者吸氧，呼吸心跳骤停者，按心肺复苏法抢救，并联系急救部门或医院。

（4）迅速查明有害气体的名称，供医院及早对症治疗。

36. 触电现场处置要点是什么？

（1）迅速切断电源。

（2）无法立即切断电源时，用绝缘物品使触电者脱离电源。

（3）保持呼吸道畅通。

（4）立即呼叫“120”急救电话，请求救治。

（5）如呼吸、心跳停止，应立即进行心肺复苏。

（6）妥善处理局部电烧伤的伤口。

37. 烧烫伤现场处置要点是什么？

（1）迅速熄灭身体上的火焰，减轻烧伤。

（2）用清洁的冷水冲洗烧伤创面，缓解症状，减轻疼痛。

（3）用医用纱布覆盖和包裹烧伤创面，切忌在烧伤处涂各种药水和药膏。

（4）注意保温，减少刺激，对有口渴症状的病人，可口服含盐饮料，对严重并发休克者应及早联系送医院救治。

（5）搬运烧伤伤员，动作要轻柔、平稳，尽量不要拖拉、滚动，以免加重皮肤损伤。

38. 高处坠落现场处置要点是什么？

（1）作业人员坠落在高处，尽快使用绳索或其他工具将坠落者解救至地面，根据伤情进行现场抢救。外伤急救采取包扎止血，内伤急救采取伤者平躺，抬高下肢，保持温暖的方法，速送医院治疗，骨折急救采取夹板固定骨折肢体，颈椎、腰椎损伤采取平卧、固定措施。搬动时应数人合作，保持平稳，不能扭曲。颅脑外伤急救采取平卧，保持气道畅通、防止呕吐物造成窒息。

（2）拨打“120”急救电话，说清楚事件发生的具体地址和伤员情况，安排人员接应救护车，保证抢救及时。拨打“110”电话，请求援助。

（3）在救护人员未到达现场时，若发现伤者处于昏迷状态但呼吸心跳未停止，应立即进行人工呼吸，同时进行胸外心脏按压法。

（4）及时向主管领导汇报人员受伤抢救情况，协助专业救护人员前往医院抢救。

39. 严重出血现场处置要点是什么？

（1）立即止血。最快速、最有效的止血方法是直接按压出血部位或血管。

（2）用干净的医用纱布直接按压在伤口上，如果没有医用纱布，救护者可用洗净的双手按压在伤口两侧，保持压力 15min 以上，不要时紧时松。如果纱布被血液渗透，不要移开纱布，可以再加一块继续加压止血。

（3）用绷带或布条将纱布固定。若伤口在颈部，不宜用绷带固定，可用医用胶布固定。

（4）如果伤口在四肢，固定以后要检查伤者肢体末端的血液循环情况，若出现青紫、发凉，可能是绷带扎得过紧，要松开重新缠绕。

40. 休克昏迷现场处置要点是什么？

（1）拨打急救电话，检查休克者呼吸、脉搏，有外伤出血时要立即止血。

（2）让休克者躺下，把双脚垫高过胸，以增加脑部的血液供应，有条件时给昏迷者吸氧。

（3）如果休克者呼吸困难，可以将其头和肩垫高，以利于呼吸。

（4）给休克者盖上棉被或衣物保暖。

（5）有条件的，监测并记录血压，直至救护车到来。

41. 中暑现场处置要点是什么？

（1）迅速将中暑者移到阴凉、通风处，坐下或躺下，宽松衣服，安静休息。

（2）迅速降低中暑者体温，可用冷水擦身，在前额、腋下和大腿根处用浸了冷水的毛巾或海绵冷敷。

（3）给中暑者饮用加糖淡盐水或清凉饮料，补充因大量出汗而失去的盐和水分。

（4）中暑者病情严重时，要注意其呼吸、脉搏，并拨打“120”急救电话，及时送医。

42. 如何进行人工呼吸？

在保持伤员气道通畅的同时，救护人员用放在伤员额上的手指捏住伤员鼻翼，救护人员深吸气后，与伤员口对口紧合，在不漏气的情况下，先连续大口吹气两次，每次 1 ～ 1.5s。如两次吹气后试测颈动脉仍无搏动，可判断心跳已经停止，要立即同时进行胸外按压。除开始时大口吹气两次外，正常口对口（鼻）呼吸的吹气量不需过大，以免引起胃膨胀，吹气和放松时要注意伤员胸部应有起伏的呼吸动作。触电伤员如牙关紧闭，可口对鼻人工呼吸。口对鼻人工呼吸吹气时，要将伤员嘴唇紧闭，防止漏气。

43. 如何对伤员进行胸外按压？

（1）救护人员右手的食指和中指沿触电伤员的右侧肋弓下缘向上，找到肋骨和胸骨接合处的中点。

（2）两手指并齐，中指放在切迹中点（剑突底部），食指平放在胸骨下部。

（3）另一只手的掌根紧挨食指上缘，置于胸骨上，找准正确按压位置。

（4）救护人员的两肩位于伤员胸骨正上方，两臂伸直，肘关节固定不屈，两手掌根相叠，手指翘起，不接触伤员胸壁。

（5）以髋关节为支点，利用上身的重力，垂直将正常人胸骨压陷 3 ～ 5cm（儿童和瘦弱者酌减）。

（6）压至要求程度后，立即全部放松，但放松时救护人员的掌根不得离开胸壁。按压必须有效，有效的标志是按压过程中可以触及颈动脉搏动。

44. 预防噪声的措施有哪些？

预防噪声的措施包括：（1）控制噪声源。（2）控制噪声的传播。（3）执行噪声职业卫生要求。（4）加强健康监护。（5）健康教育及个人防护。

45. 应急演练的定义是什么？

应急演练是指各级人民政府及其部门、企事业单位、社会团体组织相关单位及人员，依据有关应急预案，模拟应对突发事件的活动。

46. 应急演练的目的是什么？

应急演练的目的：检验预案、完善准备、锻炼队伍、磨合机制、科普宣教。

47. 应急演练的原则有哪些？

应急演练原则：结合实际、合理定位；着眼实战、讲求实效；精心组织、确保安全。

48. 应急演练的分类有哪些？

（1）按组织形式划分，应急演练可分为桌面演练和实际演练。

（2）按内容划分，应急演练可分为单项演练和综合演练。

（3）按目的与作用划分，应急演练可分为检验性演练、示范性演练和研究性演练。

49. 什么是生产安全事件？

生产安全事件是指在生产经营活动中发生的严重程度未达到《中国石油天然气集团有限公司生产安全事故管理办法》所规定事故等级的人身伤害、健康损害或经济损失等情况。

50. 什么是生产安全事故？

生产安全事故是指生产经营单位在生产经营活动（包括与生产经营有关的活动）中突然发生的，伤害人身安全和健康，或损坏设备设施，或造成经济损失的，导致原生产经营活动（包括与生产经营有关的活动）暂时中止或永远终止的意外事件。

51. 生产安全事件的分级有哪些？

生产安全事件按事件达到的伤害程度，分为限工事件、医疗处置事件、急救箱事件、经济损失事件和未遂事件五级。

52. 生产安全事故的分级有哪些？

根据《中国石油天然气集团有限公司生产安全事故管理办法》，依据事故造成的人员伤亡或直接经济损失，生产安全事故分为以下四级等级：特别重大事故、重大事故、较大事故和一般事故。

53. 什么是劳动保护？

概括地说，劳动保护就是保护劳动者在劳动生产过程中的安全和健康。

54. 呼吸防护用品有哪些？

呼吸防护用品包括防尘口罩、防毒口罩、防毒面具等。

55. 呼吸防护用品按照防护原理分为哪两大类？

呼吸防护用品按防护原理分为过滤式、隔离式两种。

56. 正压式空气呼吸器的佩戴要求是什么？

（1）佩戴前的检查。

① 检查面罩的镜片完好，头带、颈带完好。

② 检查背架完好无损，肩带、腰带完好。

③ 检查气瓶瓶体完好。

④ 检查气瓶压力，打开气瓶阀门，关闭供气阀，观察压力表指示的压力，正常压力在 24 ～ 28MPa（240 ～ 280bar），不得低于 20MPa（200bar）。

⑤ 检查管线气密性，关闭气瓶阀，观察压力表，在 1min 内压力下降不大于 2MPa。

⑥ 检查报警哨，用一只手手心稍稍堵住供气阀出口，另一只手点击开启供气阀，报警哨应在气瓶压力 5.0 ～ 6.0MPa 时响起，且具有足够的响度（约 90dB）。

如达不到上述任何一条要求，则停止使用。达到要求，保持操作后状态，准备使用。

（2）佩戴。

① 关闭供气阀，打开气瓶阀。

② 使气瓶底朝向自己，两手握住背架两侧把手，将呼吸器举过头顶，使肩带落在肩上。

③ 拉紧肩带插好胸带扣，插好腰带，调整松紧至

合适。

④ 戴面罩并检查佩戴气密性。

⑤ 连接供气阀，连接好后深吸一口气，将供气阀打开。呼吸几次，无感觉不适，就可以进入工作场所，佩戴完毕。

（3）脱卸。

① 脱开供气阀。

② 卸下面罩。

③ 脱开腰带扣、脱开胸带扣，脱开肩带，卸下呼吸器。

④ 关闭气瓶。

⑤ 将系统内余气排尽。

⑥ 确认系统内无压力，将空气呼吸器放置箱内归位。

57. 防毒面罩的佩戴方法是什么？

（1）面罩检查：面罩的镜片、系带、呼气阀、吸气阀、接口螺纹或卡口应完好。面罩的各个部位要清洁，不能有灰尘或被酸、碱、油及有害物质污染，镜片要擦拭干净。

（2）滤毒盒（罐）检查：滤毒盒（罐）外观应完好、清洁。与面罩连接的接口螺纹或卡口应完好。滤毒盒（罐）应在有效使用期内。

（3）张开面罩头部固定带，佩戴好面罩，将各面罩固定带由下至上收紧，使全面罩和人的额头、面部贴合良好并气密。在佩戴全面罩时，系带不要收得过紧，面部感觉舒适，无明显的压痛感。

（4）整体正负压气密性检查：将面罩与滤毒盒连接好，佩戴好面罩，系好带，用手堵住滤毒盒进气口，深呼吸，无空气进入，将手掌盖住呼气阀轻轻呼气，面罩会轻微鼓起。则此套面罩气密性较好。

（5）佩戴过程中如闻到毒气微弱气味，应立即撤离到安全区域。

58. 如何正确佩戴安全帽？

（1）佩戴前检查确认安全帽是否合格，是否在使用有效期内。

（2）调整好帽衬顶端与帽壳内顶之间的间距，必须保持 20 ～ 50mm 的空间，至少不要小于 32mm，调整好帽箍。

（3）戴正安全帽，如果戴歪了，一旦受到打击，就起不到减轻头部冲击的作用。

（4）下颌带必须扣在颌下并系牢，松紧要适度。

59. 危险废弃物的处置方法有哪些？

（1）物理处理：物理处理是通过浓缩或相变化改变固体废物的结构，使之成为便于运输、储存、利用或处置的形态，包括压实、破碎、分选、增稠、吸附、萃取等方法。

（2）化学处理：化学处理是采用化学方法破坏固体废物中的有害成分，从而达到无害化，或将其转变成为适于进一步处理、处置的形态。其目的在于改变处理物质的化学性质，从而减少它的危害性。这是危险废物最终处置前常用的预处理措施，其处理设备为常规的化工设备。

（3）生物处理：生物处理是利用微生物分解固体废物中可降解的有机物，从而达到无害化或综合利用。生物处理方法包括好氧处理、厌氧处理和兼性厌氧处理。与化学处理方法相比，生物处理在经济上一般比较便宜？应用普遍？但处理过程所需时间长，处理效率不够稳定。

（4）热处理：热处理是通过高温破坏和改变固体废物组成和结构，同时达到减容、无害化或综合利用的目的。其方法包括焚化、热解、湿式氧化以及焙烧、烧结等。热值较高或毒性较大的废物采用焚烧处理工艺进行无害化处理，并回收焚烧余热用于综合利用和物 / 化处理以及职工洗浴、生活等，减少处理成本和能源的浪费。

（5）固化处理：固化处理是采用固化基材将废物固定或包覆，以降低其对环境的危害，是一种较安全地运输和处置废物的处理过程，主要用于有害废物和放射性废物，固化体的容积远比原废物的容积大。

60. 石油企业危险固体废弃物主要有哪些？

石油工业产生的固体废弃物种类繁多，主要有废酸液、废碱液、废白土渣、废页岩渣、油罐底底油污泥、各种废弃催化剂以及污水处理场活性污泥等。

在日常工作中能够接触到的固体废弃物有日光灯管、硒鼓、墨盒、油抹布、油污泥等。

第三部分
基本技能

一、操作技能

1. 启动工频控制输油泵操作。

准备工作：

（1）正确穿戴劳动保护用品。

（2）工具、用具、材料准备：300mm 活动扳手 1 把，17 ～ 19mm 固定扳手 1 把，F 扳手 1 把，150mm 一字形螺钉旋具 1 把，放空桶 1 个，记录笔 1 支，记录单 1 张，操作卡 1 张，运行牌 1 块，擦布 1 块，绝缘手套 1 副，防爆对讲机 2 部。

操作程序：

（1）启动前的准备。

① 泵机组机体清洁，周围场地清洁无杂物。

② 泵机组各部位螺栓紧固无松动，接地完好。

③ 工艺连接部位无渗漏。

④ 轴承润滑油油位应在油位看窗 1/2 ～ 2/3 之间，润滑油颜色透明，无杂质。

⑤ 泵机组启动按钮、各种指示仪表齐全完好。

⑥ 盘车 3 ～ 5 圈，泵轴转动灵活，无卡阻、无杂音。

⑦ 打开泵的进口阀，缓慢打开放空阀，排净泵内的气体，关闭放空阀，活动出口阀。

⑧ 准备工作结束，汇报调度。

（2）工频启泵操作。

① 接到变电所允许合闸信号后，按启动按钮启动电动机。

② 当电流达到峰值回降、泵压逐渐上升后，缓慢打开泵出口阀。

③ 根据生产需要调节泵压及流量。

④ 启泵过程中，应密切监视泵机组运行状况及参数变化。

⑤ 启泵操作应一人操作，一人监护。

⑥ 启泵操作完毕，现场观察，确认无误后，挂运行牌。

⑦ 收拾工具、用具，清理现场。

⑧ 填写记录，汇报调度。

（3）运行检查。

① 在泵机组运行过程中，值班员至少每 2h 要对离心泵机组检查一次，做好记录。

② 泵的进、出口压力及汇管压力应在规定的范围内。

③ 泵的机械密封漏失量不超过 15 滴 /min。

④ 电动机工作电流不超过额定值。

⑤ 泵机组的振动值不超过 3.5mm。

⑥ 滚动轴承温度不超过 80℃，滑动轴承温度不超过 70℃。

⑦ 轴承润滑油无渗漏，油位应在油位看窗 1/2 ～ 2/3 之间。

⑧ 发现泵机组异常现象时，应采取相应措施。

操作安全提示：

（1）检查机泵运行状况，防止操作人员发生机械绞伤事故。

（2）开启阀门时要侧身，防止阀杆飞出伤人。

（3）操作人员使用工具要避免滑脱，防止摔伤。

（4）操作电气设备时，操作人员要佩戴绝缘手套，防止发生触电事故。

2. 停运工频控制输油泵操作。

准备工作：

（1）正确穿戴劳动保护用品。

（2）工具、用具、材料准备：F 扳手 1 把，记录笔 1 支，记录单 1 张，备用牌 1 块，擦布 1 块，绝缘手套 1 副，防爆对讲机 2 部。

操作程序：

（1）接到调度令后，通知变电所。

（2）正常停泵时，缓慢关小泵出口阀。当泵出口阀接近关闭状态时，按下电动机停止按钮，关闭泵出口阀。

（3）运行中遇到特殊情况需紧急停泵时，允许先按下电动机停止按钮，再关闭泵出口阀。

（4）关闭泵进口阀。

（5）停泵操作应一人操作，一人监护。

（6）停泵操作完毕，检查确认无误后，停运冷却循环系统。

（7）挂上备用牌。

（8）收拾工具、用具，清理现场。

（9）填写记录，汇报调度。

操作安全提示：

（1）开启阀门时要侧身，防止阀杆飞出伤人。

（2）操作人员使用工具要避免滑脱，防止摔伤。

（3）操作电气设备时，操作人员要佩戴绝缘手套，防止发生触电事故。

3. 切换工频控制输油泵操作。

准备工作：

（1）正确穿戴劳动保护用品。

（2）工具、用具、材料准备：300mm 活动扳手 1 把，17 ～ 19mm 固定扳手 1 把，F 扳手 1 把，150mm 一字形螺钉旋具 1 把，放空桶 1 个，记录笔 1 支，记录单 1 张，操作卡 1 张，备用牌 1 块，运行牌 1 块，擦布 1 块，绝缘手套 1 副，防爆对讲机 2 部。

操作程序：

（1）按工频启泵前准备步骤，检查备用泵。

（2）关小预停泵出口阀，控制排量。

（3）按工频启泵操作步骤启动备用泵。

（4）按工频停泵操作步骤停运预停泵。

（5）重新调节运行泵的压力及排量。

（6）对运行泵按操作规程进行检查。

（7）分别挂上运行牌、备用牌。

（8）收拾工具、用具，打扫现场。

（9）做好记录，汇报调度。

操作安全提示：

（1）按照先启后停的原则操作，防止系统压力波动过大。

（2）检查机泵运行状况，防止操作人员发生机械绞伤事故。

(3) 启泵后出口阀门关闭时间不能超过 3min，防止泵体过热。

(4) 开启阀门时要侧身，防止阀杆飞出伤人。

(5) 操作人员使用工具要避免滑脱，防止摔伤。

(6) 操作电气设备时，操作人员要佩戴绝缘手套，防止发生触电事故。

4. 启动变频控制输油泵操作。

准备工作：

(1) 正确穿戴劳动保护用品。

(2) 工具、用具、材料准备：300mm 活动扳手 1 把，17 ～ 19mm 固定扳手 1 把，F 扳手 1 把，150mm 一字形螺钉旋具 1 把，放空桶 1 个，记录单 1 张，记录笔 1 支，操作卡 1 张，运行牌 1 块，擦布 1 块，绝缘手套 1 副，防爆对讲机 2 部。

操作程序：

(1) 启动前的准备。

① 泵机组机体清洁，周围场地清洁无杂物。

② 泵机组各部位螺栓紧固无松动，接地完好。

③ 工艺连接部位无渗漏。

④ 轴承润滑油油位应在油位看窗 1/2 ～ 2/3 之间，润滑油颜色透明，无杂质。

⑤ 泵机组启动按钮、各种指示仪表齐全完好。

⑥ 盘车 3 ～ 5 圈，泵轴转动灵活，无卡阻、无杂音。

⑦ 打开泵的进口阀，缓慢打开放空阀，排净泵内的气体，关闭放空阀，活动出口阀。

⑧ 准备工作结束，汇报调度。

（2）变频启泵操作。

① 合上变频器控制柜电源，控制柜显示屏显示正常。

② 接到变电所允许合闸信号后，按送电按钮。

③ 变频器风机运行正常。

④ 设置频率，启动变频器。

⑤ 电动机转动后，缓慢开启泵出口阀。

⑥ 启泵过程中，应密切监视泵机组运行状况及参数变化。

⑦ 启泵操作应一人操作，一人监护。

⑧ 启泵操作完毕，现场观察，确认无误后，挂上“运行”牌。

⑨ 收拾工具、用具，清理现场。

⑩ 填写记录，汇报调度。

（3）运行检查。

① 在泵机组运行过程中，值班员至少每 2h 要对离心泵机组检查一次，做好记录。

② 泵的进出口压力及汇管压力应在规定的范围内。

③ 泵的机械密封漏失量不超过 15 滴 /min。

④ 电动机工作电流不超过额定值。

⑤ 泵机组的振动值不超过 3.5mm/s。

⑥ 滚动轴承温度不超过 80℃，滑动轴承温度不超过 70℃。

⑦ 轴承润滑油无渗漏、油位应在油位看窗 1/2 ～ 2/3 之间。

⑧ 发现泵机组异常现象时，应采取相应措施。

操作安全提示：

（1）检查机泵运行状况，防止操作人员发生机械绞伤事故。

（2）开启阀门时要侧身，防止阀杆飞出伤人。

（3）操作人员使用工具要避免滑脱，防止摔伤。

（4）操作电气设备时，操作人员要佩戴绝缘手套，防止发生触电事故。

5. 停运变频控制输油泵操作。

准备工作：

（1）正确穿戴劳动保护用品。

（2）工具、用具、材料准备：F扳手1把，记录笔1支、记录单1张，备用牌1块，擦布1块，绝缘手套1副，防爆对讲机2部。

操作程序：

（1）接到调度令后，通知变电所。

（2）正常停泵时，先降频，再缓慢关小泵出口阀，当出口阀接近关闭状态时，停运变频器，关闭泵出口阀。

（3）运行中遇到特殊情况需紧急停泵时，允许先按变频控制器的“紧急停泵”按钮，再关闭泵出口阀。

（4）关闭泵进口阀。

（5）停泵操作应一人操作，一人监护。

（6）停泵操作完毕，现场观察，确认无误后，停运冷却循环系统。

（7）挂上备用牌。

（8）收拾工具、用具，清理现场。

（9）填写记录，汇报调度。

操作安全提示：

（1）开启阀门时要侧身，防止阀杆飞出伤人。

（2）操作人员使用工具要避免滑脱，防止摔伤。

（3）操作电气设备时，操作人员要佩戴绝缘手套，防止发生触电事故。

6. 切换变频控制输油泵操作。

准备工作：

（1）正确穿戴劳动保护用品。

（2）工具、用具、材料准备：300mm 活动扳手 1 把，17 ~ 19mm 固定扳手 1 把，F 扳手 1 把，150mm 一字形螺钉旋具 1 把，防爆对讲机 2 部，记录笔 1 支，操作卡 1 张，擦布 1 块，放空桶 1 个，运行指示牌 1 个，备用牌 1 个，绝缘手套 2 副。

操作程序：

（1）预启变频泵启动前的准备。

① 泵机组机体清洁，周围场地清洁无杂物。

② 泵机组各部位螺栓紧固无松动，接地完好。

③ 工艺连接部位无渗漏。

④ 轴承润滑油油位应在油位看窗 1/2 ~ 2/3 之间，润滑油颜色透明，无杂质。

⑤ 泵机组启动按钮、各种指示仪表齐全完好。

⑥ 盘车 3 ~ 5 圈，泵轴转动灵活，无卡阻、无杂音。

⑦ 打开泵进口阀，缓慢打开放空阀，排净泵内的气体，关闭放空阀，活动出口阀。

⑧ 启运预启泵变频器风机。

⑨ 降低运行泵频率为 35Hz，同时将预启泵设置与运行泵频率相同。

⑩ 准备结束，汇报调度。

（2）变频泵切换操作。

（1）将启运泵的初始频率设定为 35Hz。

（2）将操作柱上“要求合闸”开关旋至要求合闸位置；

待操作柱上绿灯亮后将“合闸”开关旋至合闸位置，将“要求合闸”开关复位；待操作盒上“请求运行”灯亮时，按下“运行”按钮，将“合闸”开关复位。

（3）当电流达到额定电流时缓慢打开泵出口阀，直至全开。

（4）观察启运输油泵出口压力，将所需停运的泵的频率降至 35Hz。

（5）观察确认启运泵运行平稳。

（6）按变频停泵操作步骤停运预停泵。

（7）按操作规程对运行泵进行检查。

（8）运泵挂上运行牌，停运泵挂备用牌，做好记录，汇报调度。

操作安全提示：

（1）按照先启后停的原则操作，防止系统压力大造成高压泄放。

（2）正确穿戴劳动保护用品，防止头发、衣物卷入机泵造成伤害。

（3）启泵后出口阀关闭时间不超过 2 ～ 3min，防止泵体发热。

（4）防止因接地连接不紧固造成人员触电伤害。

（5）开关阀门时要侧身，以防阀杆飞出造成人身伤害。

（6）应按照操作卡进行操作，以防造成憋压、跑油事故。

7. 输油泵工频切换变频操作。

准备工作：

（1）正确穿戴劳动保护用品。

（2）工具、用具、材料准备：300mm 活动扳手 1 把，17 ～ 19mm 固定扳手 1 把，F 扳手 1 把，150mm 一字形螺钉旋具1把，防爆对讲机2部，记录笔1支，操作卡1张，擦布1块，放空桶1个，运行指示牌2个，绝缘手套2副。

操作程序：

（1）预启动变频泵启动前的准备。

① 泵机组机体清洁，周围场地清洁无杂物。

② 泵机组各部位螺栓紧固无松动，接地完好。

③ 工艺连接部位无渗漏。

④ 轴承润滑油油位应在油位看窗1/2～2/3之间，润滑油颜色透明，无杂质。

⑤ 泵机组启动按钮、各种指示仪表齐全完好。

⑥ 盘车3～5圈，泵轴转动灵活，无卡阻、无杂音。

⑦ 打开泵的进口阀，缓慢打开放空阀，排净泵内的气体，关闭放空阀，活动出口阀。

⑧ 启运预启泵变频器风机及设置启运频率。

⑨ 准备结束，汇报调度。

（2）工频泵切换变频泵操作。

① 按操作卡变频启泵操作步骤启动备用泵。

② 启运变频泵，待变频泵出口压力与工频泵基本相同，逐渐关小工频泵的出口阀。

（3）观察启运泵运行平稳。

（4）按工频停泵操作步骤停运工频泵。

（5）按要求调节变频泵的频率、压力及排量。

（6）按操作规程对变频泵进行检查。

（7）运行泵挂上运行牌，停运泵挂备用牌，做好记录，汇报调度。

操作安全提示：

（1）按照先启后停的原则操作，防止系统压力波动过大。

（2）检查机泵运行状况，防止操作人员发生机械绞伤事故。

（3）启泵后出口阀关闭时间不能超过 2 ～ 3min，防止泵体过热。

（4）开启阀门时要侧身，防止阀杆飞出伤人。

（5）操作人员使用工具要避免滑脱，防止摔伤。

（6）操作电气设备时，操作人员要佩戴绝缘手套，防止发生触电事故。

8. 暖泵操作。

准备工作：

（1）正确穿戴劳动保护用品。

（2）工具、用具、材料准备：300mm 活动扳手 1 把，17 ～ 19mm 固定扳手 1 把，F 扳手 1 把，150mm 一字形螺钉旋具 1 把，放空桶 1 个，记录笔 1 支，操作卡 1 张，擦布 1 块。

操作程序：

（1）检查泵进口阀处于开启状态，高压暖泵阀、低压暖泵阀、离心泵出口阀处于关闭状态。

（2）缓慢打开泵的高压暖泵阀，对过滤器及进口管线进行预热，过滤器压力控制在规定范围以内，预热约 10min，确认温度正常，说明过滤器已暖通。

（3）打开低压暖泵阀，缓慢关小离心泵进口阀，对泵体进行预热，过滤器压力控制在规定范围以内，预热约 30min，确认温度正常，说明泵体已暖通。

（4）缓慢关闭高压暖泵阀，全开泵进口阀。

（5）关闭低压暖泵阀。

（6）对泵体及过滤器进行放空。

（7）进行盘车。

（8）收拾工具、用具，清理现场。

操作安全提示：

（1）开启阀门时要侧身，防止阀杆飞出伤人。

（2）操作人员使用工具要避免滑脱，防止摔伤。

9. 离心泵机组日常维护保养操作。

准备工作：

（1）正确穿戴劳动保护用品。

（2）工具、用具、材料准备：300mm 活动扳手 1 把，17 ～ 19mm 固定扳手 1 把，F 扳手 1 把，150mm 一字形螺钉旋具 1 把，润滑油 0.5L，润滑油壶 1 个，黄油枪 1 把，润滑脂 2kg，擦布 1 块。

操作程序：

（1）检查泵和电动机轴承运行情况，必要时停机更换或补充润滑油、润滑脂。

（2）检查机械密封漏失情况。

（3）检查确认泵机组各部位螺栓紧固无松动。

（4）检查确认泵的振动、噪声正常。

（5）检查确认泵机组前后轴承温度在正常范围内。

（6）检查确认泵进出口温度、压力正常。

（7）对备用泵机组进行盘车。

（8）处理渗漏，做好泵机组的清洁卫生工作。

（9）收拾工具、用具，清理现场。

操作安全提示：

（1）正确穿戴劳保用品，防止发生机械绞伤事故。

（2）操作人员使用工具要避免滑脱，防止摔伤。

10. 离心泵机组一级保养操作。

准备工作：

（1）正确穿戴劳动保护用品。

（2）工具、用具、材料准备：活动扳手 1 把，固定扳手 1 套，F 扳手 1 把，150mm 一字形螺钉旋具 1 把，250mm 十字形螺钉旋具 1 把，0.9kg 手锤 1 个，游标卡尺 1 把，铜棒 1 根，扁铲 1 个，拉力器 1 个，油盆 1 个，青稞纸 1 张，润滑油 0.5L，润滑油壶 1 个，黄油枪 1 把，润滑脂 2kg，擦布 1 块，记录笔 1 支，记录纸 1 张。

操作程序：

（1）完成例行保养的作业内容。

（2）检查确认泵机组各部位螺栓紧固无松动。

（3）检查联轴器，确认螺栓紧固无松动。

（4）检查前后轴封漏失量。

（5）更换泵机组轴承润滑油（脂）。

（6）检查确认机组仪器仪表完好，连接不松动无漏失。

（7）清洗泵进口过滤器滤网（芯）。

（8）收拾工具、用具，清理现场。

（9）做好保养记录。

操作安全提示：

（1）确认泵腔内压力放净才能拆卸，防止介质喷溅伤人。

（2）安装前应对所有泵件进行检查，损坏和不合格的泵件要进行更换。

（3）使用手锤击打时，防止砸伤操作人员。

11. 清洗离心泵过滤器操作。

准备工作：

（1）正确穿戴劳动保护用品。

（2）工具、用具、材料准备：梅花扳手1套，固定扳手1套，250mm活动扳手1把，200mm一字形螺钉旋具1把，500mm撬杠1根，三角刮刀1把，剪刀1把，划规1把，直尺1把，石棉板1张，油盆1个，放空桶1个，钢丝刷1个，润滑脂0.2kg，清洗油0.5L，擦布1块，记录笔1支，记录纸1张。

操作程序：

（1）按操作规程停泵。

（2）关闭停运泵进出口阀门，打开放空阀及排污阀，放净过滤器内余压及介质。

（3）拆卸过滤器端盖，密封面向上放置在安全处。

（4）清理法兰及端盖密封面，并清理出密封水线。

（5）清理过滤网固定槽及过滤器内杂物。

（6）检查并清洗过滤网。

（7）安装过滤网。

（8）如垫片损坏，更换新垫片。

（9）如端盖密封为密封圈，应视情况决定是否更换密封圈。更换垫片或密封圈时，要涂抹润滑脂。

（10）安装过滤器盲板，均匀对角紧固螺栓。

（11）关闭排污阀、放空阀。

（12）缓慢打开进口阀，控制开度，排出过滤器内气体。

（13）见液后关闭放空阀，开大进口阀，检查有无渗漏。

（14）收拾工具、用具，清理现场。

操作安全提示：

（1）打开放空阀门泄压时，要缓慢打开，防止介质飞溅。

（2）操作人员搬运过滤器端盖时，防止掉落砸伤。

（3）操作人员使用工具要避免滑脱，防止摔伤。

12. 更换多级低压离心泵轴承操作。

（1）正确穿戴劳动保护用品。

（2）工具、用具、材料准备：新轴承2口，清洗油1L，润滑脂1kg，机油1L，铁丝1m，120目砂布2张，擦布1块，油盆1个，轴承拉力器1套，200mm活动扳手2把，ϕ30mm×250mm紫铜棒1根，套管1根，勾头扳手1把，0～150mm游标卡尺1把。

操作程序：

（1）拆下泵轴承部位的泵件，用勾头扳手卸下轴承锁紧螺母。

（2）用拉力器拆下旧轴承。

（3）清洗检查新轴承和轴颈。

（4）装新轴承。

方法一（冷装法）：用套管和铜棒轻轻敲击，即可装入。

方法二（热装法）：把轴承用铁丝拴好，放在80℃左右的油盆内加热后，直接套在轴上并用套管和铜棒击打到位。

（5）轴承装好后，在轴承和轴承盒内加注润滑脂，加入量为容积的三分之二为宜。用轴承锁紧螺母把轴承固定好。

（6）装好轴承部位的泵件，盘泵检查泵转动是否灵活。

（7）收拾工具、用具、量具，清理现场。

操作安全提示：

（1）用套管和铜棒一定要敲击轴承内圈，防止损坏轴承。

（2）加热轴承时防止热油烫伤操作人员。

(3) 加热后的轴承，操作人员一定佩戴隔热的手套进行安装，防止烫伤。

13. 多级离心泵工作窜量的测量与调整操作。

准备工作：

(1) 正确穿戴劳动保护用品。

(2) 工具、用具、材料准备：250mm、300mm 扳手各 1 把，500mm 撬杠 1 根，300mm 一字形螺钉旋具 1 把，8 ～ 32 梅花扳手 1 套，勾头扳手 1 把，磁力表座 1 套，0 ～ 10mm 百分表 1 块，工艺轴套 1 个，150mm 游标卡尺 1 把，塞尺 1 把，记录纸 1 张，记录笔 1 支。

操作程序：

(1) 拆卸平衡装置。按顺序拆卸后轴承外压盖、轴承支架、锁紧螺母，用拉力器拉下轴承，取出后轴承内压盖、轴承挡套。拆卸填料压盖，取出填料，拆卸填料轴套，拆卸尾盖，拆卸平衡盘。

(2) 测量转子总窜量。依次装上代替平衡盘的工艺轴套、填料轴套、轴承挡套、轴承和锁紧螺母，用撬杠把转子撬动到前止点。将百分表架设到轴端面，把百分表的测量头与测量面垂直接触，下压量为 2mm，转动表圈使百分表的大针指到“0”位置。用撬杠把转子缓慢撬动到后止点，此时百分表上的读数就是总窜量。

旋转泵轴 180°，用同样的方法再测量一次总窜量，以免叶轮及密封环内有杂物，使转子移不到前止点。泵的总窜量一般为 4 ～ 6mm。

(3) 测量平衡盘窜量（工作窜量）。拆卸测量总窜量时装上的锁紧螺母、轴承、轴承挡套、填料轴套、工艺轴套，按顺序摆放。再重新依次安装平衡盘、填料轴套、轴承挡套、轴承和锁紧螺母，用撬杠把转子撬动到前止点（平衡盘和平衡环接触）。将百分表架设到轴端面，把百分表的测量头与测量面垂直接触，下压量为2mm，转动表圈使百分表的大针指到“0”位置。用撬杠把转子缓慢撬动到后止点，此时百分表上的读数就是平衡盘窜量（工作窜量）。

旋转泵轴180°，再测量一次平衡盘窜量。泵的平衡盘窜量应为总窜量的1/2减0.5mm的量。

（4）调整平衡盘和平衡环的轴向间隙。

若平衡盘窜量小于总窜量的1/2减0.5mm时，可在平衡盘前轮毂（平衡盘工作面一侧的轮毂）端面加适当厚度的铜皮垫片调整。

若平衡盘窜量大于总窜量的1/2减0.5mm时，可把平衡盘前轮毂端面车削到符合要求，也可在平衡环后加铜皮进行调整。

（5）组装：按拆卸的相反顺序把泵组装好，安装机泵联轴器连接螺栓。

操作安全提示：

（1）放置拆卸的泵件时要平稳，防止砸伤操作人员。

（2）使用工具击打安装时，防止砸伤操作人员。

14. 启停低压变频器。

准备工作：

（1）正确穿戴劳动保护用品。

（2）工具、用具、材料准备：操作卡1张，记录笔1支，擦布1块，绝缘手套1副，防爆对讲机2部。

操作程序：

（1）启运操作。

①变频柜送电。

② 将面板上的工频、变频开关旋至变频位置，在现场操作柱上操作，启动电动机，即为变频运行（关于自动 / 手动的使用，是指在变频状态下，将开关拨至手动状态，即表示用手动调整频率。调整触摸屏或前面板的“▲▼”键改变频率。当自动 / 手动开关拨至自动位置时，在有反馈信号的情况下，根据信号大小，自动调整频率）。

（2）停运操作。

① 在现场操作柱上按停止按钮，停止电动机工作。

② 将变频开关拨至空挡（即工频与变频之间）。

③ 切断变频柜电源。

（3）收拾工具、用具，清理现场。

操作安全提示：

（1）操作电气设备时，操作人员站在绝缘胶皮上，防止发生触电事故。

（2）在变频器运行过程中，不要断开控制电源，否则可能导致功率单元损坏。

15. 操作手动阀门。

准备工作：

（1）正确穿戴劳动保护用品。

（2）工具、用具、材料准备：300mm 活动扳手 1 把，17 ～ 19mm 固定扳手 1 把，F 扳手 1 把，50mm 一字形螺钉旋具 1 把，擦布 1 块。

操作程序：

（1）开关阀门时，检查确认上下游工艺流程处于正常状态。

（2）缓慢侧身按阀门手轮启闭标志开关阀门，当开关阀门转动困难时可使用 F 扳手。

（3）阀门打开或关闭后，检查阀盖、阀门填料、阀门法兰密封情况。

（4）确定开关阀程度（应根据工艺要求或阀门类型确定开阀程度）。

（5）收拾工具、用具，清理现场。

操作安全提示：

（1）开启阀门时要侧身，防止阀杆飞出伤人。

（2）操作人员使用工具要避免滑脱，防止摔伤。

（3）当阀门全开后，应将手轮回转 1/2 ～ 1 圈，防止阀板卡。

（4）蒸汽阀门，要缓慢开启，以免产生水击现象。

16. 日常维护保养手动阀门。

准备工作：

（1）正确穿戴劳动保护用品。

（2）工具、用具、材料准备：300mm 活动扳手 1 把，17 ～ 19mm 固定扳手 1 把、F 扳手 1 把，150mm 一字形螺钉旋具 1 把，黄油枪 1 把，擦布 1 块，润滑脂 0.5kg。

操作程序：

（1）检查确认阀门及附件完好无损，并清扫阀体及附件的油污、灰尘。

（2）检查确认传动机构开关灵活。

（3）检查确认阀杆无弯曲，并消除阀杆丝杠上的油污、灰尘、锈蚀，用带油抹布将阀杆丝杠擦一遍，使之有油膜而无油污、灰尘、锈蚀。

（4）检查确认锁帽紧固无松动。

（5）检查确认密封填料压盖无渗漏。

（6）检查确认阀盖、法兰无渗漏。

（7）清洁油嘴并添加润滑脂。

（8）收拾工具、用具，清理现场。

操作安全提示：

（1）操作人员使用工具要避免滑脱，防止摔伤。

（2）发现密封部位渗漏，要及时处理。

17. 操作电动执行机构调节阀。

准备工作：

（1）正确穿戴劳动保护用品。

（2）工具、用具、材料准备：防爆对讲机 2 部，300mm 活动扳手 1 把，17 ～ 19mm 固定扳手 1 把，F 扳手 1 把，150mm 一字形螺钉旋具 1 把，擦布 1 块。

操作程序：

（1）检查和准备。

① 检查确认阀门表面清洁无杂物、润滑油无泄漏现象。

② 检查确认阀门和控制箱外观完好，电控设备处于完好备用状态。

③ 检查动力线路、电力控制柜，保证供电正常。

④ 确认电动 / 手动转换手柄在相应位置。

⑤ 操作人员使用防爆对讲机，1 个人在电力控制柜前，1 个人在操作阀门现场，在紧急情况下进行应急处理。

⑥ 确认电动阀遥控器电量充足。

⑦ 消防电动阀在使用前要检查控制室内阀门远程控制状态灯的好坏。

（2）开启电动阀门操作 。

① 阀门的电动 / 手动转换手柄旋至电动位置。其中油系统阀门，应提前手动将阀门打开至开度的 2% ～ 5%。

② 阀门及控制箱送电，观察电源指示灯是否亮。若指示灯不亮，需检修配电线路。

③ 闭合电动阀电源开关，采用点动的方法启动电动阀。

④ 油系统阀门，当阀门开启至阀开度的98%，立即停止电动开阀，转换为手动操作直至全部打开。当阀门开启到上死点时，对于闸阀、截止阀，应回转1/2 ～ 1圈。

⑤ 阀门打开过程中，出现异常现象，应立即停止电动开阀并进行检查。如果出现不能停机现象，应手动紧急停机或通过防爆对讲机通知在电力控制柜的人拉闸断电。

⑥ 消防及锅炉系统安装的电动阀，在远程操控时直接在控制室内按开按钮，此时开状态灯闪烁，开到位时状态灯常亮，如是上位显示控制，则在控制界面上设置阀门开度值，点击启动选项，观察开度值，到达设定开度值时阀门自动停止。

⑦ 消防及锅炉系统安装的电动阀，在就地操控时在现场将阀门调为就地控制，使用遥控器或手动进行打开操作，并注意观察阀门开度的数字或指针显示。

（3）运行中的检查。

① 对行程和超扭矩控制器整定后的阀门，首次全开或全关阀门时，应注意监视其对行程的控制情况，如阀门开或关到位置没有停止的，应立即手动紧急停机或通过防爆对讲机通知在电力控制柜的人拉闸断电。

② 在开关阀门过程中，发现信号指示灯指示有误、阀门有异常响声时，应立即停机检查。

③ 电动阀门运行过程中，注意检查阀杆位置的变化，直至阀门开关度符合要求后停止开阀或关阀操作。若阀杆反

向移动，须立即停机，及时检查配电线路。

（4）关闭电动阀门操作。

① 把阀门的电动 / 手动转换手柄旋至电动位置。其中油系统阀门，应提前手动将阀门关闭 2% ～ 5%。

② 给阀门及控制箱送电，观察电源指示灯是否亮。若指示灯不亮，需检修配电线路。

③ 手动按关阀电源开关，采用点动的方法启动电动阀。

④ 油系统阀门，当阀门关闭到 98%，就立即停止电动关阀，转换为手动操作直至全部关死。当阀门关闭到下死点时，对于闸阀、截止阀，应回转 1/2 ～ 1 圈。

⑤ 阀门关闭过程中，出现异常现象，应立即停止电动关阀并进行检查。如果出现不能停机现象，应手动紧急停机或通过防爆对讲机通知在电力控制柜的人拉闸掉电。

⑥ 消防及锅炉系统安装的电动阀在远程操控时直接在控制室内按关闭按钮，此时关状态灯闪烁，关到位时状态灯常亮，如是上位显示控制，则在控制界面上设置阀门开度值，点击启动选项，观察开度值，到达设定开度值时阀门自动停止。

⑦ 消防及锅炉系统安装的电动阀在就地操控时在现场将阀门调为就地控制，使用遥控器或手动进行关操作，并注意观察阀门开度的数字或指针显示。

（5）收拾工具、用具，清理现场。

操作安全提示：

（1）在阀门开关过程中，发现开关指示灯出现异常现象或阀门发出异常声响时，应该及时将阀门停止，立即停机进行全面检查，以避免阀门发生故障，影响到操作。

（2）采用现场操作阀门时，应监视阀门开关指示和阀杆运行情况，阀门开关度要符合要求，防止发生参数异常，导致生产事故。

（3）对行程和超扭矩控制器整定后的阀门，首次全开或全关阀门时，应注意监视其对行程的控制情况，如阀门开关到位置没有停止的，应立即手动紧急停机。

18. 日常维护电动执行机构调节阀。

准备工作：

（1）正确穿戴劳动保护用品。

（2）工具、用具、材料准备：300mm 活动扳手 1 把，17 ～ 19mm 固定扳手 1 把，F 扳手 1 把，150mm 一字形螺钉旋具 1 把，黄油枪 1 把，润滑脂 0.5kg，擦布 1 块。

操作程序：

① 应保持阀体及附件的清洁。

② 检查阀门的油杯、油嘴、阀杆螺纹和阀杆螺母及传动机构的润滑情况，及时加注合格润滑油、脂。

③ 检查阀门填料压盖、阀盖与阀体连接及阀门法兰等处有无渗漏。

④ 检查支架和各连接处的螺栓是否紧固。

⑤ 阀门的填料压盖不宜压得过紧，应以阀门开关（阀杆上下运动）灵活为准。

⑥ 阀门在使用过程中，一般不应带压更换或添加密封填料；对密封填料能够再利用的阀门，可在降压后进行带压更换或添加填料密封。

⑦ 阀门在环境温度变化较大时，如需对阀体螺栓进行热紧（高温下紧固），不应在阀门全关位置上进行紧固。

⑧ 对裸露在外的阀杆螺纹要保持清洁，宜用符合要求

的润滑油进行防护，并加保护套进行保护。

⑨ 冬季应注意阀门的防冻，及时排放停用阀门和工艺管线里的积水。

19. 操作气动执行机构调节阀。

准备工作：

（1）正确穿戴劳动保护用品。

（2）工具、用具、材料准备：防爆对讲机2部，300mm活动扳手1把，17～19mm固定扳手1把，F扳手1把，150mm一字形螺钉旋具1把，擦布1块。

操作程序：

（1）开启气动执行机构调节阀前的检查和准备。

① 检查确认阀门表面清洁、润滑良好、各附件齐全、外观完好，阀门各密封点无泄漏（输送天然气等可燃气体介质的阀门应用检测仪检测）。

② 检查电磁阀、阀门定位器、阀位传送器，保证供电正常、显示正确。

③ 检查阀门实际开度与标尺位置、现场显示及上位控制界面指示一致。

④ 检查执行器配套三联件上过滤杯清洁、润滑油杯油位符合要求，确认阀杆与执行器连接紧固，连动杆、行程开关等固定螺栓紧固。

⑤ 确认“气动/手动”转换手柄在相应位置。

⑥ 检查气路及接头无泄漏，观察气压表压力值达到规定要求，远程操控气动执行机构调节阀，还需确认进气阀处于全开状态。

（2）现场打开气动执行机构调节阀。

① 切换气动/手动转换手柄，将调节阀操作模式转换

为气动。其中油系统阀门，应提前手动将阀门打开至开度的2% ～ 5%。

② 将调节阀控制模式调节为现场，现场手动打开执行器电磁阀（或双通阀），缓慢打开气路进气阀，气动执行机构调节阀平稳匀速开启。

③ 油系统阀门，当阀门开启至阀开度的98%，应停止气动开阀，现场手动关闭执行器电磁阀（或双通阀）及气路进气阀。调整为手动状态，将阀门全部打开，对于闸阀、截止阀及平板阀，当阀门开启到上死点时应回转1/2 ～ 1圈。

④ 将气动执行机构调节阀操作模式转换为手动，插上限位销。

（3）现场关闭气动执行机构调节阀。

① 将调节阀操作模式转换为气动，拔下限位销。其中油系统阀门，应提前手动将阀门关闭2% ～ 5%。

② 将定位器调节至手动模式，现场手动操作打开执行器电磁阀（或双通阀），缓慢打开气路进气阀，气动执行机构调节阀平稳匀速关闭。

③ 油系统阀门，当阀门关闭98%时，应停止气动关阀，现场手动关闭执行器电磁阀（或双通阀）及气路进气阀。调整为手动，将阀门全部关闭，对于闸阀、截止阀及平板阀，当阀门关闭到下死点时应回转1/2 ～ 1圈。

④ 将气动执行机构调节阀操作模式转换为手动。

（4）远程操控气动执行机构调节阀。

① 在远程操控气动执行机构调节阀前，应进行现场气动开、关阀门测试，并校对阀门实际开度与标尺位置、现场显示及上位控制界面指示均保持一致。

② 将调节阀操作模式转换为气动，将调节阀控制模式

调节为远程。

③ 远程操控气动执行机构调节阀时，操作人员使用防爆对讲机，1 个人在阀门监控室，1 个人在操作阀门现场，在紧急情况下进行应急处理。

④ 在控制界面上点击“打开”或“关闭”按钮，就可实现对气动阀的开、关操作。如是上位显示控制，则在控制界面上设置阀门开度值，点击启动选项观察开度值，到达设定开度值时阀门自动停止。

（5）运行中的检查。

① 气动执行机构调节阀开关过程中，出现升降卡阻严重、有渗漏或异常响声等情况时，应立即关闭气路进气阀，停止操作并进行检查。

② 气动执行机构调节阀开关过程中，应注意校对阀门实际开度与标尺位置、现场显示及上位控制界面指示保持一致，重点检查阀门全开或全关时行程开关是否动作，如有不符应立即查找原因，并及时进行处理。

③ 通过执行器上的流量控制阀来均匀调节气动执行机构调节阀开关速度，同时注意检查排气口排气情况，保证调节阀平稳匀速开启。

④ 注意检查加油杯注油速率及活动部位润滑情况，保证良好润滑、运行灵活。

⑤ 针对无行程开关的气动执行机构调节阀，阀门全开或全关达到最终状态时，要及时关闭气路进气阀，预防开关过量损坏阀门。

⑥ 对定位器行程与气压整定后的气动执行机构调节阀，首次全开或全关阀门操作时，应注意检查对行程、启降平稳的控制情况。如阀门开或关到位置没有停止，应立即关闭气

路进气阀，停止操作并进行检查。

⑦ 首次投用执行器时应进行往复循环动作，使活塞环或活塞杆密封圈进行磨合达到无泄漏。

（6）收拾工具、用具，清理现场。

操作安全提示：

（1）第一次投用气动执行机构，应进行反复循环动作，检查活塞密封环（圈）无泄漏。

（2）关阀时必须切断控制信号（电压或电流），将空气过滤压力调至零位。

20. 维护气动执行机构调节阀。

准备工作：

（1）正确穿戴劳动保护用品。

（2）工具、用具、材料准备：300mm 活动扳手 1 把，17 ～ 19mm 固定扳手 1 把，F 扳手 1 把，150mm 一字形螺钉旋具 1 把，黄油枪 1 把，润滑脂 0.5kg，擦布 1 块。

操作程序：

（1）日常维护。

① 阀门、执行器及各附件应保持清洁。

② 测试空气压缩机、干燥塔自动排水阀运行正常，打开储气罐排污阀排底水，确保气动阀气源保持干燥、清洁。

③ 检查阀门的油杯、油嘴、阀杆螺纹和阀杆螺母及传动机构的润滑情况，及时加注合格的润滑油、润滑脂，阀杆每月定期涂润滑油。

④ 检查阀门填料压盖、阀盖与阀体连接及阀门法兰等处无渗漏。

⑤ 检查支架和各连接处的螺栓是否紧固。

⑥ 阀门的填料压盖不宜压得过紧，应以阀门开关（阀杆上下运动）灵活为准。

⑦ 阀门在使用过程中，一般不应带压更换或添加密封填料；对密封填料能够再利用的阀门，可在降压后进行带压更换或添加填料密封。

⑧ 阀门在环境温度变化较大时，如需对阀体螺栓进行热紧（高温下紧固），不应在阀门全关位置上进行紧固。

⑨ 对裸露在外的阀杆螺纹要保持清洁，宜用符合要求的润滑油进行防护，并加保护套进行保护。

⑩ 冬季应注意阀门的防冻，及时排放停用阀门和工艺管线内的积水。

（2）定期维护。

① 每年对气动执行机构的执行器、定位器的开关限位、气路压力流量控制进行重新整定。

② 每年对气动阀门阀杆与执行器连接处、连动杆、行程开关等处的固定螺栓进行紧固，气路进行疏通。

③ 每年对气动阀电磁阀、定位器等电气部分进行检修，保证电源及调节电流信号无缺相、短路、断路故障，外壳防护接头连接紧实、严密。

④ 三年一周期，打开气缸，检修缸壁（防腐打磨），更换上下缸盖密封垫、活塞及阀杆密封，清洗气缸、阀杆及活塞。打开气节，检修更换密封圈、弹簧与气囊，清洗气节。

⑤ 每年检查更换阀体密封、填料，调正密封压盖，预防阀杆偏磨或卡死。

⑥ 每季度对阀门的远程、就地开关进行测试，测试阀门实际开度与标尺位置、现场显示及上位控制界面指示一致，确保阀门运行正常。

⑦ 长期关闭状态下的阀门，阀体内存油容易受热膨胀，应每季度检查阀门中开面密封情况，必要时可打开阀盖丝堵泄压。

⑧ 每季度检查阀门防腐和保温，发现损坏及时修补。

（3）收拾工具、用具，清理现场。

操作安全提示：

（1）操作人员使用工具要避免滑脱，防止摔伤。

（2）发现密封部位渗漏，要及时处理。

21. 更换阀门密封填料操作。

准备工作：

（1）正确穿戴劳动保护用品。

（2）工具、用具、材料准备：200mm 活动扳手 1 把，200mm 一字形螺钉旋具 1 把，F 扳手 1 把，密封填料刀 1 把，填料钩 1 个，放空桶 1 个、碳纤维密封填料 1m，润滑脂 0.5kg，擦布 1 块。

操作程序：

（1）导通备用流程。

（2）关闭要更换阀门填料的上游、下游阀门。

（3）打开放空阀，放空泄压。

（4）用活动扳手卸下密封填料压盖紧固螺栓，移开填料压盖。

（5）用填料钩取出旧填料，清除干净填料函。

（6）按阀门阀杆外径正确选择、切割新填料。切填料时，每圈大小要合适，并成 30° ～ 45° 角。

（7）在与阀杆接触面上涂上黄油。

（8）按要求加入新填料，压实。加填料时，每道填料切口应错开 90° ～ 120° 。

(9) 装上填料压盖，对称紧固螺栓，松紧要适当。填料压盖压入深度应不小于5mm。

(10) 关闭放空阀。

(11) 缓慢打开下游阀，试压。

(12) 检查有无渗漏。

(13) 开大下游阀。

(14) 打开上游阀，密封填料应不渗不漏，开关阀门应灵活。

(15) 导回原流程。

(16) 收拾工具、用具，清理现场。

操作安全提示：

(1) 操作前一定要先将管线内压力放净，严禁带压操作。

(2) 填料压盖一定要对称紧固，与填料函端面平行，防止阀门开关不灵活。

(3) 开、关阀门时一定要侧身缓慢，防止阀杆飞出伤人。

(4) 填料不宜压得过紧，在每加1～2圈填料后，应扭转手轮，压盖的压紧程度应满足填料不泄漏、阀杆上下运动灵活。

22. 制作更换法兰垫片。

准备工作：

(1) 正确穿戴劳动保护用品。

(2) 工具、用具、材料准备：250mm、300mm活动扳手各1把，200mm一字形螺钉旋具1把，300mm钢锯条1根，500mm撬杠1根，300mm划规1把，300mm钢板尺1把，剪刀1把，F扳手1把，放空桶1个，法兰垫片1片，DN50法兰盘1个，2mm石棉板1块，润滑脂0.5kg，擦布1块。

操作程序：

（1）法兰垫片内外圆光滑、同心，内径、外径误差在±2mm以内，手柄长度为露出法兰外20mm，误差 ±5mm。

（2）检查流程是否正确。

（3）侧身打开旁通阀门，关闭上游、下游阀门。

（4）打开放空阀，泄压。

（5）卸松法兰螺栓，取下一条螺栓，取出旧法兰垫片，清理法兰密封面。

（6）安装涂抹均匀润滑脂的新垫片。

（7）对称紧固法兰螺栓。

（8）侧身关闭放空阀，打开下游阀门试压。

（9）侧身开大下游、上游阀门，关闭旁通阀门。

（10）收拾工具、用具，清理现场。

操作安全提示：

（1）操作前应将管线内压力放净，严禁带压操作。

（2）卸法兰螺栓时，一定要先拆卸法兰下部螺栓。

（3）开、关阀门时一定要侧身缓慢，防止阀杆飞出伤人。

23. 新建或大修油罐进油操作。

准备工作：

（1）正确穿戴劳动保护用品。

（2）工具、用具、材料准备：F扳手1把，操作卡1张，擦布1块，防爆对讲机2部。

操作程序：

（1）进油投产前准备。

① 新建或大修油罐各项施工内容验收合格，防雷防静电装置检测合格。

② 检查油罐所有安全附件、仪表齐全且性能良好。

③ 清除罐内一切杂物。

④ 锁紧浮船人孔、罐壁人孔、罐壁清扫孔法兰螺栓，关闭排底水阀、排污阀、罐壁取样阀。

⑤ 检查油罐进出口阀门，热油喷洒阀门处于关闭状态。

⑥ 编制油罐投产方案。

（2）进油投产操作。

① 采用上游单位来油进罐投产。

a. 协调上游单位来油排量。

b. 导通来油进罐投产流程，全开待投油罐进油阀门，通过来油流量计监控流量，调整进油速度。

② 采用相邻高液位油罐压油进油投产。

a. 导通压油进油投产流程，全开待投油罐进出口阀门。

b. 缓慢打开来油端阀门，通过监视来油罐液位下降值，控制进油速度。

（3）收拾工具、用具，清理现场。

操作安全提示：

（1）初始灌装阶段油品不能向上喷溅。初始进油管线内油品流速应控制在 1m/s 以下，直到浮船支柱升起为止。此后进油管线内油品流速不得超过 6m/s。

（2）冬季进油初始灌装阶段，要避免高温油直接进入油罐。

（3）在浮船升起之前，浮船上不应有人。

（4）油罐浮船上升过程中，注意观察浮船的运行状态，以免发生浮船卡阻或倾覆。

24. 油罐降液位操作。

准备工作：

（1）正确穿戴劳动保护用品。

（2）工具、用具、准备材料：F 扳手 1 把，操作卡 1 张，擦布 1 块，防爆对讲机 2 部。

操作程序：

（1）编制油罐降液位方案。

（2）导通降液位油罐单输流程。

（3）启运外输泵，单输需要降低液位的油罐。

（4）降液位期间，要加强油罐浮船运行检查。

（5）液位降至 5m 时，应放缓浮船下降速度，出油管线内油品流速应控制在 1m/s 以下，并停运搅拌器。

（6）液位降至浮船支柱距罐底 50cm 时，应有专人对浮船运行状态进行看护。

（7）降液位过程中发生不明原因异响、出现浮船卡阻或倾斜的，应立即停止降液位操作，故障排除后方可重新操作。

（8）收拾工具、用具，清理现场。

操作安全提示：

（1）油罐降液位时，必须设专人查看浮船运行状况。

（2）油罐清罐降库存前及降库存期间，宜启运油罐搅拌器及维温设施。

（3）操作过程中加强联系，发现液位显示异常，立即停止操作。

（4）严格执行油罐降液位方案。

（5）启停设备，要确认在安全状态下运行。

25. 油罐接收原油操作。

准备工作：

（1）正确穿戴劳动保护用品。

（2）工具、用具、材料准备：F 扳手 1 把，记录笔 1 支，记录单 1 张，操作卡 1 张，擦布 1 块，标识牌 2 块，防爆对讲机 2 部。

操作程序：

（1）确认流程后，根据操作卡，缓慢打开油罐进油阀门。

（2）确认流程操作正确后，放置标识牌。

（3）检查与油罐连接的所有法兰、人孔、阀门等有无渗漏，进油时必须有专人监护油罐液位高度，监护运行 15min 后离开。

（4）根据油罐巡检点项牌巡检内容按时进行巡回检查。

（5）观察液位计，进油高度不得超过油罐的安全高度。

（6）油罐计量检尺：满罐（或盘库）检尺时，应在收油前后 10min 进行。悬空检尺计量，两次下尺读数差不得大于 1mm，大于 1mm 重新下尺。

（7）油罐进油时应合理安排进油方式。库存紧张时，应立即启动相关的应急处置预案。

（8）做好记录，汇报调度。

（9）收拾工具、用具，清理现场。

操作安全提示：

（1）值班调度员必须在流程切换前 15min 向岗位员工下令，接令后的岗位员工向发令的值班调度员复诵无误后，方可执行。

（2）对操作卡产生疑问时，不准擅自更改操作卡，必须向值班调度员汇报，确认后再进行操作。

（3）执行“先开后关，缓开慢关”的原则。

（4）当油罐液位接近安全储油高度，加密检尺，防止发生冒罐事故。

26. 油罐发送原油操作。

准备工作：

（1）正确穿戴劳动保护用品。

（2）工具、用具、材料准备：F 扳手 1 把，记录笔 1 支，操作卡 1 张，擦布 1 块，防爆对讲机 2 部。

操作程序：

（1）大批量发油一般通过手工计量实现，在发放前后严格计量。中、小批量原油发油一般通过流量计计量，每次应做必要记录。

（2）发油前，与下游单位联系，确认发油工艺流程畅通。

（3）发油前，检查机械呼吸阀是否灵活，应及时打开油罐油气管阀门和单向进气阀，防止油罐吸瘪。

（4）选择最佳工艺，正确操作。发油时应按流程要求操作，核对罐号、阀门号，确认无误后开启发油罐及流程上的相关阀门，管线过油后，沿线检查阀件，然后启泵。

（5）按时巡检，随时观测液位变化，以掌握发油情况和设备运转情况。

（6）发油接近结束时，罐区各岗位之间要密切配合，防止泵抽空。油罐应保留一定安全高度的液位。

（7）当发现储油罐内原油含水超标时，应及时切换发油油罐。

（8）发油期间加强原油外输温度检查，发现温度偏低不能满足下游进站要求时，要及时采取有效措施提高发油温度。

（9）发油完毕后，关闭发油罐和流程上的相关阀门，做好计量工作，填写记录。

（10）收拾工具、用具，清理现场。

操作安全提示：

（1）值班调度员必须在流程切换前15min向岗位员工下令，接令后的岗位员工向发令的值班调度员复诵无误后，方可执行。

（2）对操作卡产生疑问时，不准擅自更改操作卡，必须向值班调度员汇报，确认后再进行操作。

（3）执行“先开后关，缓开慢关”的原则。

（4）原油出站库压力应不大于管线允许最高工作压力。

（5）出站库油温应低于原油初馏点5℃，并在管线防腐材料允许温度范围内。

（6）当发油油罐液位低于3m时，应随时检尺，杜绝冒罐或抽空。

（7）当油罐液位接近安全储油高度或低于3m时，加密检尺，防止发生抽空事故。

27. 停运油罐操作。

准备工作：

（1）正确穿戴劳动保护用品。

（2）工具、用具、材料准备：F扳手1把，操作卡1张，记录笔1支，擦布1块，防爆对讲机2部。

操作程序：

（1）关闭油罐的进油阀门。

（2）用泵将罐内油抽到最低位置，检尺计量余油，关闭油罐出油阀门。

（3）如短期停运，应保持伴热系统循环水畅通。

（4）如长期停运，应清理罐内余油，并将油罐所有进出口阀门关严。

操作安全提示：

（1）值班调度员必须在流程切换前15min向岗位员工下令，接令后的岗位员工向发令的值班调度员复诵无误后，方可执行。

（2）操作卡发生疑问时，不准擅自更改操作卡，必须向值班调度员汇报，确认后再进行操作。

（3）执行“先开后关，缓开慢关”的原则。

（4）长期停运的油罐进口、出口阀门应上锁挂牌。

28. 油罐切换操作。

准备工作：

（1）正确穿戴劳动保护用品。

（2）工具、用具、材料准备：F扳手2把、操作卡1张、记录笔1支、擦布1块、防爆对讲机2部。

操作程序：

（1）按进油前的检查工作检查各油罐。

（2）按进油操作投运备用油罐。

（3）按停运油罐操作停运预停罐。

（4）倒罐正常后，注意来油管线压力变化和大罐液位变化情况。

（5）收拾工具、用具，清理现场。

操作安全提示：

（1）站库内流程切换时，应保持整个系统相对稳定。

（2）流程的切换应集中调度，实行“操作票”管理。

（3）流程切换应遵守“先开后关”原则，确认新流程导通后，方可切断原流程。

（4）具有高低压衔接部位的流程，必须先导通低压部位，后导通高压部位。切断时先切断高压部位，后切断低压部位。

（5）原油站（库）流程切换需降低流量时，应待加热炉压火或停炉后方可切换。

29. 人工检尺操作。

准备工作：

（1）正确穿戴劳动保护用品。

（2）工具、用具、材料准备：量油尺1把，记录笔1支，记录本1个，擦布1块，防爆对讲机2部。

操作程序：

（1）检尺前，检查量油尺检验合格证，确定符合使用要求，读取油罐液位计显示值，估算下尺数。

（2）打开量油孔盖，油气挥发后进行下一步操作。

（3）将量油尺与量油孔金属接触释放静电。

（4）沿着量油孔基准点缓慢下尺，以免尺带飘荡产生误差。

（5）当量油尺带进入液面后停止下尺，待液面稳定后再缓慢下尺。

（6）读取下尺数值后收尺，量油尺读数精确到mm，并记录黏油数值，计算空尺数值。

（7）空尺数计算方法：空尺数值 = 下尺数值 − 黏油数值。

（8）重复步骤3至步骤8操作，两次空尺数差值不超过1mm时以第一次检尺为准，超过时应重新下尺。

（9）盖上量油孔盖。

（10）油罐液位人工检尺值计算：人工检尺值 = 检尺孔高度 − 空尺数值。

（11）收拾工具、用具，清理现场。

操作安全提示：

（1）五级以上大风禁止上罐。

（2）上罐前需手摸静电释放器，消除身体静电。

（3）上下罐时必须手扶栏杆扶手；雪后上罐前必须将扶梯上的积雪清除干净，如果天冷扶梯上有冰霜，待薄冰融化或处理完后，达到上罐条件再上罐进行检尺。

（4）操作人员上罐检尺必须系安全带，并站在上风口。

（5）量油孔盖打开后，不要立即将头部对准孔盖，防止油气中毒。

30. 罐底游离水排放操作。

准备工作：

（1）正确穿戴劳动保护用品。

（2）工具、用具、材料准备：300mm 活动扳手 1 把，250mm 固定扳手 1 把，管钳 1 把，记录笔 1 支，记录本 1 个，擦布 1 块，防爆对讲机 2 部。

操作程序：

（1）向生产、环保、油品及计划等相关部门申报。

（2）检查排水系统流程正确。

（3）停运油罐搅拌及加热设施，关闭进出口阀门进行稳罐，无特殊情况，$5\times10^4m^3$ 及 $5\times10^4m^3$ 以下油罐稳罐宜不少于 24h；$10\times10^4m^3$ 油罐稳罐宜不少于 40h、$15\times10^4m^3$ 油罐稳罐宜不少于 60h。

（4）稳罐后对油罐进行人工检尺。

（5）打开防火堤外排水系统截断阀。

（6）缓慢打开放底水阀门。

（7）根据排放游离水水质变化，实时调节阀门开度。

（8）油罐内游离水放净后，关闭放底水阀门及防火堤外排水系统截断阀，再次对油罐进行人工检尺。

（9）打开油罐进出口阀门，恢复运行流程。

（10）计算并上报放底水量，填写记录。

（11）收拾工具、用具，清理现场。

操作安全提示：

（1）开、关阀门时要侧身，防止阀杆飞出伤人。

（2）操作人员使用工具要避免滑脱，防止摔伤。

31. 清理罐顶污油操作。

准备工作：

（1）正确穿戴劳动保护用品。

（2）工具、用具、材料准备：铜桶 2 个、铜锹 2 个，铜铲 5 个，擦布 2 捆，扫帚 2 个，防爆对讲机 2 部，移动式可燃气体探测器 1 个。

操作程序：

（1）人员上罐前，先释放静电，提前须有专门人员使用便携式气体检测仪检测罐上氧气、可燃气体和有毒有害气体浓度，必须保证相关气体浓度在安全范围内。

（2）人员陆续上罐，每批次不超过 5 人。

（3）组织人员分散作业，开始清油工作。

（4）作业超过 1h，现场负责人每 30min 检测一次气体浓度，确保作业过程中相关气体浓度在安全范围内。

（5）将清理出的污油收集好，带到罐下按规定处理。

（6）清点人员后，分批次下罐。

（7）收拾工、用具，清理现场。

操作安全提示：

（1）五级以上大风、雷雨、大雪等恶劣天气，禁止上罐。

（2）夜晚及照明度不佳的情况下，禁止作业。

（3）连续作业不得超过 2h，如超过规定时限，作业人员必须下罐休息至少 30min。

（4）相关气体浓度不能超过下列安全范围：氧气为 19.5% ～ 23.5%；可燃气体为 20%LEL 以下；硫化氢为 $10mL/m^3$ 以下；一氧化碳为 $25mL/m^3$ 以下。

（5）此项作业不允许在室外温度超过 30℃时进行。

32. 启停搅拌器操作。

准备工作：

（1）正确穿戴劳动保护用品。

（2）工具、用具、材料准备：F 扳手 1 把，防爆对讲机 2 部，红外线测温仪 1 个，运行牌 1 块，备用牌 1 块，擦布 1 块，记录笔 1 支，记录本 1 个，绝缘手套 1 副。

操作程序：

（1）检查和准备。

① 确认启动搅拌器的储油罐液位在 5m 以上。

② 搅拌器外观完好，周围场地清洁无杂物。

③ 搅拌器各连接部位的螺栓紧固无松动。

④ 固定角度螺栓在规定的定位孔位置上，并锁紧。

⑤ 机械密封及球头节处无漏油现象。

⑥ 检查搅拌器齿轮箱内润滑油，液面在标尺上、下限之间。

⑦ 盘车 3 ～ 5 圈，搅拌器轴转动灵活，无卡阻、无杂音。

⑧ 检查电流表外观完好、指针归零，在有效期内。

⑨ 检查启动按钮、停止按钮完好。

⑩ 与油库调度联系，请示启动搅拌器。

（2）启运操作及运行中的检查。

① 按下启动按钮。

② 检查轴端机械密封泄漏量小于 10 滴 /min。

③ 检查密封填料及法兰面无渗漏。

④ 检查运转平稳无抖动，无异常响声。

⑤ 检查电动机电流在额定值以下。

⑥ 检查电动机轴承温度不超过 80℃。

⑦ 挂上运行牌，汇报调度，做好记录。

（3）停运操作。

① 按下停止按钮。

② 待搅拌器停稳后，盘车 3 ～ 5 圈；

③ 挂上备用牌，汇报调度，填写记录。

（4）收拾工、用具，清理现场。

操作安全提示：

操作电气设备要佩戴绝缘手套，防止发生触电事故。

33. 启停空气压缩机操作。

（1）正确穿戴劳动保护用品。

（2）工具、用具、材料准备：F 扳手 1 把，防爆对讲机 2 部，擦布 1 块，绝缘手套 1 副，记录笔 1 支，记录本 1 个。

操作程序：

（1）检查与准备。

① 检查储气罐安全阀、压力表在检定有效期内。

② 检查储气罐放空阀处于关闭状态。

③ 检查润滑油位在绿色区域内。

（2）启运操作。

① 打开干燥器进出口阀门。

② 合上电源。

③ 检查压风机操作屏显示正常。

④ 按压风机启动按钮，压风机自动运行指示灯亮。

⑤ 待管网压力达到规定压力时，将干燥塔启停开关旋转至启动位置，干燥塔运行指示灯亮，打开压风机出口阀，干燥塔开始工作。

⑥ 填写记录，汇报调度。

（3）停运操作。

① 管网压力保持在规定压力以上，将干燥机启停开关旋至停止位置。

② 干燥塔运行指示灯熄灭，干燥塔停止工作。

③ 按压风机停止按钮，自动运行指示灯熄灭。

④ 压风机卸载运行 30s 后停止工作。

⑤ 关闭压风机出口阀门。

⑥ 打开储气罐放空阀放空。

⑦ 关闭干燥塔进出口阀门。

⑧ 填写记录，汇报调度。

（4）收拾工具、用具，清理现场。

操作安全提示：

（1）开、关阀门时要侧身，防止阀杆飞出伤人。

（2）操作人员使用工具要避免滑脱，防止摔伤。

（3）操作电气设备时，操作人员要佩戴绝缘手套，防止发生触电事故。

34. 启停换热器操作。

准备工作：

（1）正确穿戴劳动保护用品。

（2）工具、用具、材料准备：F 扳手 1 把，防爆对讲机 2 部，擦布 1 块。

操作程序：

（1）检查和准备。

① 确认热油泵处于完好备用状态。

② 检查换热器原油线进、出口阀门处于关闭状态。

③ 检查换热器蒸汽线进、出口阀门处于关闭状态。

④ 检查来汽线压力表、换热器出口压力表、换热器出口温度计外观完好，在检定有效期内。

⑤ 检查换热器区所有阀门开关状态正确。

（2）启运操作：

① 缓慢打开换热器原油线出口阀门。

② 缓慢打开储油罐热油线控制阀门。

③ 缓慢打开换热器来汽及回水阀门。

④ 根据原油出口温度对蒸汽供给量进行调节。

（3）运行中的检查。

① 检查换热器本体及阀门法兰无渗漏。

② 蒸汽和回水压力平衡，无水击现象。

③ 打开回水放空阀，检查回水中是否含油，发现异常，立即停运换热器。

④ 检查换热器无异常声音。

⑤ 检查热油泵运行正常。

（4）停运操作：

① 换热器正常停运时，关闭蒸汽阀门。

② 打开回水放空阀门，放掉换热器内回水。

③ 关闭回水阀门。

④ 待热油泵停运后，关闭换热器油进出口阀门，关闭

罐前热油线控制阀门，对换热器进行扫线。

（5）收拾工具、用具，清理现场。

操作安全提示：

（1）开、关阀门时要侧身，防止阀杆飞出伤人。

（2）操作人员使用工具要避免滑脱，防止摔伤。

（3）操作时，如发现阀门开关不灵活，应分析原因，采取相应的处理方法解决。

（4）对蒸汽阀门，开启时应尽量平缓，以免发生水击现象。

35. 更换安装压力表操作。

准备工作：

（1）正确穿戴劳动保护用品。

（2）工具、用具、材料准备：200mm、300mm 活动扳手各一把，合格压力表 1 块，通针 1 根、生料带 2 卷，压力表垫片 2 个，记录笔 1 支，记录纸 1 张。

操作程序：

（1）检查生产流程。

（2）记录压力值。

（3）关闭压力表控制阀门。

（4）缓慢卸松压力表。

（5）待压力表指针归零后，卸掉压力表。

（6）拆卸压力表接头，用通针清理内孔，再用擦布擦净。

（7）用生料带缠绕表接头螺纹。

（8）装表：安装表接头，在表接头内放置压力表垫片，再安装压力表至表接头上，缓慢旋转压力表接头，确认没有偏扣后，再用扳手上紧调整压力表至便于观察的位置。

（9）缓慢打开压力表控制阀门试压。

（10）待压力稳定，检查无渗漏后开大压力表控制阀门。

（11）读取记录压力值。

（12）收拾工具、用具，清理现场。

操作安全提示：

（1）更换压力表前应关闭压力表控制阀门。

（2）待压力表指针归零再进行拆卸。

（3）更换压力表时禁止用手旋转表头，防止表壳上的玻璃片破裂伤到操作人员。

（4）使用活动扳手时禁止推扳手以防伤手。

36. 真空相变加热炉启炉操作。

准备工作：

（1）正确穿戴劳动保护用品。

（2）工具、用具、材料准备：250mm 活动扳手 2 把，F 扳手 1 把，250mm 一字形螺钉旋具 1 把，擦布 1 块，记录笔 1 支，记录纸 1 张。

操作程序：

（1）点炉前检查全自动燃烧器、控制柜接线及二次表外观和通电情况。

（2）检查燃气系统，应采用减压后的天然气，压力为 4 ～ 7kPa，天然气管线低位无积水。

（3）检查电源、电动机接线。

（4）检查试运燃烧器，电动机转动方向正确。

（5）检查压力表、温度计、液位计及燃料过滤器、燃料调压阀，应满足设计要求。

（6）检查真空阀严密性，通风口无异物，各部位阀门灵活。

（7）检查炉内导热液体液位在最低水位以上 40mm。

（8）打开燃气流程，检查管路流程应无泄漏。

（9）将原油出口阀门打开，关闭进口阀门。

（10）设置参数调整为停机温度 110℃，停机压力 0.05MPa，在自动、小火状态下启动燃烧器。

（11）观察炉前炉体压力，如压力超过 0.05MPa，则手动停机。真空阀应在 0.015MPa 启跳排汽，排汽 10 ～ 15min。同时应对真空压力表和操作台仪表读数压力进行对比，如有误差应立即停炉。

（12）排汽结束后将外输原油进口阀打开，进入正常运行状态。

（13）调整设置参数至正常值。

（14）填写启炉记录。

（15）收拾工具、用具，清理现场。

操作安全提示：

（1）加热炉点炉“三不点”。未检查不点，无控制不点，炉膛、管线内有余气不点。

（2）除手动排汽外，真空相变加热炉禁止正压运行。手动排汽时正压不得超过 0.05MPa；否则应强制停炉。

（3）保持燃烧间通风正常，防止可燃气体聚集，如发现泄漏，应停炉处理。

（4）燃烧间不得存放可燃性物质。

（5）对燃气炉冬季要防止天然气管线结冰造成管线冻堵。

（6）对燃油炉最好采用脱水原油，原油含水不得超过 5%。

（7）在壳体压力大于导热液体温度所对应的压力 0.02MPa 以上或壳体压力不小于大气压时应手动排汽。

（8）连续点炉三次不能正常的，应停止点炉，排除故障后再操作。

37. 真空相变加热炉停炉操作。

准备工作：

（1）正确穿戴劳动保护用品。

（2）工具、用具、材料准备：250mm 活动扳手 2 把，F 扳手 1 把，250mm 一字形螺钉旋具 1 把，擦布 1 块，记录笔 1 支，记录纸 1 张。

操作程序：

（1）按燃烧器停止按钮，切断电源。

（2）关闭燃气控制阀门。

（3）根据需要保持盘管内介质流动或排空盘管内介质。

（4）填写停炉记录。

（5）收拾工具、用具，清理现场。

操作安全提示：

（1）先降温后停炉。

（2）若停炉时间较长，应进行扫线。

（3）保持燃烧间通风正常，防止可燃气体聚集。

（4）燃烧间不得存放可燃性物质。

（5）对燃气炉，冬季定期对管线放空排液，防止天然气管线结冰造成管线冻堵。

38. 真空相变加热炉切换操作。

准备工作：

（1）正确穿戴劳动保护用品。

（2）工具、用具、材料准备：真空相变加热炉 2 台，250mm 活动扳手 2 把，F 扳手 1 把，250mm 一字形螺钉旋具 1 把，擦布 1 块。

操作程序：

（1）检查备用炉，确保备用炉处于完好状态。

（2）打开备用炉燃气流程，检查管路流程无泄漏。

（3）将备用炉原油出口阀门打开，关闭进口阀门。

（4）备用炉设置参数调整为停机温度 110℃，停机压力 0.05MPa，在自动、小火状态下启动燃烧器。

（5）观察备用炉炉体压力，如压力超过 0.05MPa，则手动停机。真空阀应在 0.15MPa 启跳排汽，排汽 10 ～ 15min。同时应对真空压力表和操作台仪表读数压力进行对比，如有误差应立即停炉。

（6）排汽结束后将备用炉原油进口阀门打开，进入正常运行状态。

（7）调整设置备用炉参数至正常值。

（8）按预停炉燃烧器停止按钮，切断电源。

（9）关闭预停炉燃气控制阀门。

（10）根据需要保持预停炉盘管内介质流动或排空盘管内介质。

（11）填写启、停炉记录。

（12）收拾工具、用具，清理现场。

操作安全提示：

（1）在启炉时如故障报警一直存在，须把故障报警解除后方可启炉。

（2）若停炉时间较长，应进行扫线，冬季要做好停运炉的防冻、防凝工作。

(3) 保持燃烧间通风正常．防止可燃气体聚集。

(4) 燃烧间不得存放可燃性物质。

(5) 对燃气炉，冬季定期对管线放空排液，防止天然气管线结冰造成管线冻堵。

39. 发送清管器操作。

准备工作：

(1) 正确穿戴劳动保护用品。

(2) 工具、用具、材料准备：250mm、300mm 活动扳手各 1 把，250mm、300mm 固定扳手各 1 把，F 扳手 1 把，500mm 撬杠 1 根，污油袋 1 个，装清管器小车 1 辆，清管器 1 个，润滑脂 0.5kg，擦布 1 块。

(3) 根据管道条件估算清管参数、确定清管器几何尺寸，预计清管器运行速度及清管器在各站之间运行时间等参数，以帮助分析判断清管器运行是否正常。应检查确认清管器完好。

(4) 发送清管器之前，调度与下站联系，确认是否倒好转发流程或接收清管器工艺流程。

(5) 确认清管器通过阀门处于最大开启状态。

(6) 发、收球筒本体应完好，快开盲板开关及密封完好。

(7) 发、收球动力阀、出站阀、进站阀、排气阀及排污阀等所有阀门灵活好。

(8) 压力表指示正常，通球指示器准确。

(9) 污油泵及排污管道完好畅通。

(10) 安装发信器电池，检查调试清管器，做好发送准备。

操作程序：

（1）当接到下站已导通收球流程的调度令后，打开发球筒盲板，清扫杂物，将检查无误的清管器放入发球筒内，使清管器的尾部超过动力线管口，擦净盲板胶圈封面，涂好润滑脂，密封、锁紧。

（2）缓慢开启清管器动力阀及发球筒排气阀，发球筒充油后，控制排气速度，待气体排净后关闭排气阀。

（3）全开清管器发送阀及动力阀，缓慢调整出站阀开度，直到发出清管器。

（4）当清管器通过指示器动作 10min 后，全开出站阀，关好动力阀及清管器发送阀，恢复正常输油流程，并将有关参数汇报上级调度。观察运行参数，发现异常及时汇报调度。

（5）清扫发球筒。

（6）收拾工具、用具，清理现场。

发球操作流程如图 1 所示。

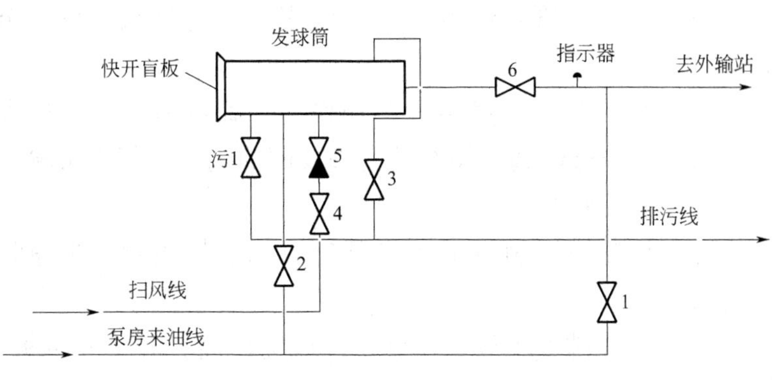

图 1　发送清管器工艺流程图

1—出站阀；2—动力阀；3—排气阀；4—扫线阀；5—截止阀；6—发送阀；污 1—排污阀

操作安全提示：

（1）清管器通过的阀门，操作前必须将阀门全开到最大位置，防止卡堵或者损坏清管器及阀门端面。同时也要防止开度过大，将阀板连接螺栓剪断，使阀板脱落。

（2）观察污油缸的液位计，防止冒液。

40. 接收清管器操作。

准备工作：

（1）正确穿戴劳动保护用品。

（2）工具、用具、材料准备：250mm、300mm 活动扳手各 1 把，250mm、300mm 固定扳手各 1 把，F 扳手 1 把、500mm 撬杠 1 根、污油袋 1 个、装清管器小车 1 辆、润滑脂 0.5kg、擦布 1 块。

（3）提前倒好清管器接收流程。

（4）检查收球筒放空阀，确认排污阀、蒸汽阀、风线阀处于关闭状态。

操作程序：

（1）预计清管器到达前 2h，缓慢关闭进站阀，行程至 85%。

（2）当清管器通过指示器动作后，确定清管器已进入收球筒，全开进站阀，关好动力阀及回油阀，恢复正常输油流程，并汇报调度。

（3）确认正常输油后，打开排污阀及扫线阀，排净收球筒内存油。

（4）打开排气阀放空，确认筒内无压后打开快开盲板，取出清管器。

（5）检查清管器和设备完好情况，做好记录并汇报。

（6）清扫收球筒。

（7）擦净快开盲板胶圈封面，涂上黄油，关好，锁紧。

（8）收拾工具、用具，清理现场。

接收清管器工艺流程如图 2 所示。

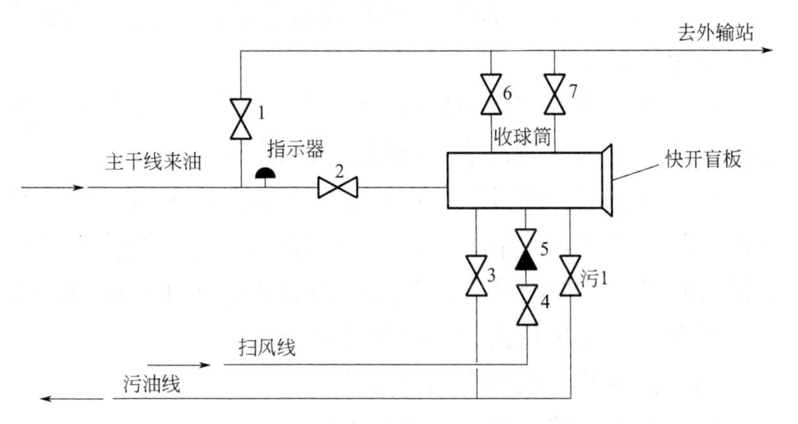

图 2　接收清管器工艺流程图

1—进站阀；2—动力阀；3—排气阀；4—扫线阀；5—截止阀；

6—回油阀；7—回油阀；污 1—排污阀

操作安全提示：

（1）清管器通过的阀门，操作前必须将阀门全开到最大位置，防止卡堵或者损坏清管器及阀门端面。同时也要防止开度过大，将阀板连接螺栓剪断，使阀板脱落。

（2）观察污油缸的液位计，防止冒液。

（3）打开盲板前一定要注意观察发球筒内压力，指针归到零位后方可开盲板。

（4）接收清管器后，清除筒内杂物，擦净快开盲板胶圈封面，涂上润滑脂，关好。

（5）清管操作必须有调度令。

（6）从接收筒内取出清管器后，应对清管器进行清洗、检测和分析，清管器的皮碗如有损坏或皮碗唇边厚度小于原尺寸的1/3时，应更换皮碗。

41. 储油罐发生火灾全自动灭火操作。

（1）值班人员在控制室内听到报警后，迅速到控制盘上确认报警油罐。

（2）另一名员工迅速通过火灾监控系统进行确认，如果火灾监控系统故障迅速到现场进行二次确认。

（3）通过火灾监控系统确认报警油罐着火后（如果现场确认报警油罐着火后，通过手动报警将信息反馈值班室），迅速将转换开关旋至全自动位置，消防系统立即全自动灭火程序对着火油罐进行灭火和冷却喷淋。

（4）同时拨打火警电话“119”。

（5）打开水罐上水阀门进行补水。

（6）汇报调度和值班干部。

（7）配合消防队员进行灭火，如果火势无法控制，组织人员立即撤离。

42. 储油罐发生火灾半自动灭火操作。

（1）值班人员在控制室内听到报警后，迅速到控制盘上确认是报警油罐。

（2）另一名员工迅速通过火灾监控系统进行确认，如果火灾监控系统故障，迅速到现场进行二次确认。

（3）通过火灾监控系统确认报警油罐着火后（如果现场确认报警油罐着火后，通过手动报警将信息反馈值班室），迅速将转换开关旋至半自动位置，并按下相应着火油罐灭火启动按钮，消防系统立即启动对着火油罐进行灭火和冷却喷淋。

（4）同时拨打火警电话“119”。

（5）打开水罐上水阀门进行补水。

（6）汇报调度和值班干部。

（7）配合消防队员进行灭火，如果火势无法控制，组织人员进行撤离。

常见故障判断与分析

1. 长输管道在什么状况下采用全越站流程？

在以下状况下应采用全越站流程：

（1）加热炉炉管穿孔、破裂着火，无法切断油源。

（2）加热炉烧火间着火、无法进入处理。

（3）非全越站不能进行的站内管道、设备、设施检修或事故处理。

2. 长输管道在什么状况下采用压力越站流程及注意事项？

在以下状况下应采用压力越站流程：

（1）输量较小。

（2）输油泵机组发生故障。

（3）供电系统发生故障或计划检修。

（4）站内低压系统的管道或设备检修。

（5）作为流程切换时的过渡流程。

执行压力越站流程的注意事项：流程切换不得造成本站或下站加热炉突然断流，遇进炉油量减少或停流时，应停运加热炉。

3. 长输管道运行在什么状况下采用热力越站流程及注意事项？

在以下状况下应采用热力越站流程：

（1）来油温度较高，可以满足下站进站温度要求。

（2）加热炉发生故障。

执行热力越站流程的注意事项：应提前停炉。

4. 长输管道在什么状况下采用返输流程及注意事项？

在以下状况下应采用返输流程：

（1）停输时间过长，需返输活动管线。

（2）管道计划输量太低，必须正返输交替进行。

（3）清管器在进站管段受阻需进行反冲。

（4）再投产前预热管道。

执行返输流程的注意事项：

（1）返输首站（即正输末站）应储备足够的原油。

（2）返输出站油温应保证进站温度要求。

（3）各站加热炉停炉后，首站开始停泵，要求其他各站导通返输流程，末站启泵。

5. 如何判断输油管道初凝事故？

（1）输油管道在正常运行无人为操作的情况下，如发现出站压力持续上升，输油量持续下降，且进站温度呈下降趋势时，可以判断为干线初凝预兆。

（2）如果输送压力继续升高，且升高到相邻站间的允许工作压力以上，输油量继续下降到最低允许输量以下，则初凝事故已经发生。

（3）若输量下降趋近断流，则判断发生凝管事故。

6. 当热油管线发生初凝事故时，应采取什么措施？

（1）如果判断管线初凝，立即汇报调度和值班干部。

（2）增加运行泵台数，提高泵站出站压力，进行提压顶挤。

（3）当处置管线初凝时必须密切关注运行压力、温度、输油量的变化。

7. 离心泵发生抽空事故的原因有哪些？如何处理？

事故原因：

（1）进口管路有气体。

（2）油罐液位过低，吸入压力不够。

（3）进口阀未开或开度过小。

（4）过滤器或入口管线堵塞。

（5）流量不足或运行泵之间供液量不平衡。

（6）来液温度低，黏度大。

处理方法：

（1）立即停泵，打开放空阀排净过滤器及泵体内气体。

（2）提高油罐液位。

（3）导通正常流程，全开进口阀。

（4）及时清理过滤器，清除堵塞物。

（5）调节泵排量。

（6）提高来液温度，降低黏度。

8. 泵轴承温度过高的原因有哪些？如何处理？

故障原因：

（1）轴承损坏。

（2）轴承缺油或油太多或油不干净。

（3）电动机轴与泵轴不同心，振动大。

（4）泵轴弯曲，转子动平衡差。

（5）滑动轴承的甩油环不起作用。

（6）叶轮平衡孔堵塞，使泵轴向力不能平衡。

（7）轴与轴承配合不好或端部压偏。

处理方法：

（1）更换轴承。

（2）按规定添加润滑油、清洗轴承并换油。

（3）调整泵机组同轴度。

（4）校直或更换泵轴，检测转子动平衡。

（5）放正油环位置或更换油环，并加入适量的润滑油。

（6）清除平衡孔内堵塞的杂物。

（7）调整配合间隙，松紧适度。

9. 泵体振动的原因有哪些？如何处理？

故障原因：

（1）机泵同轴度偏差值大。

（2）泵机组地基不牢，地脚螺栓松动。

（3）泵抽空。

（4）泵轴弯曲。

（5）出口管线固定不牢或管线内有空气。

（6）叶轮部分堵塞或严重磨损。

（7）转子不平衡。

处理方法：

（1）停泵，检查测量调整机泵同轴度。

（2）紧固地脚螺栓和基础固定螺栓。

（3）停泵，放净泵内气体，提高储罐液位或调节泵排量。

（4）停泵，校正泵轴或更换泵轴。

（5）停泵，固定出口管线或放净泵内气体。

（6）停泵，清理堵塞物或更换叶轮。

（7）停泵，拆泵重新校正转动部分（叶轮，联轴器）的静平衡。

10. 离心泵供液不足的原因有哪些？如何处理？

故障原因：

(1) 吸入管路或泵内有空气。

(2) 进口阀开度过小。

(3) 泵的吸入管漏气。

(4) 叶轮旋转方向错误。

(5) 泵的吸入高度太高。

(6) 吸入管路直径过小或有杂物堵塞。

(7) 转速与实际要求转速不符。

处理方法：

(1) 灌泵，排出空气。

(2) 全开进口阀。

(3) 处理进口管泄漏。

(4) 调整电动机的转向。

(5) 降低泵的安装高度，增加进口处的压力。

(6) 加大吸入管管径，消除堵塞物。

(7) 使电动机转速符合要求。

11. 离心泵泵压突然上升的原因有哪些？如何处理？

故障原因：

(1) 泵出口阀门阀板脱落。

(2) 止回阀故障。

(3) 泵出口管线堵塞。

处理方法：

(1) 维修或更换泵出口阀门。

(2) 维修或更换止回阀。

(3) 停泵，对泵出口管线进行解堵。

12. 离心泵泵压突然下降的原因有哪些？如何处理？

故障原因：

(1) 离心泵进口阀阀板脱落。

(2) 过滤器堵塞。

(3) 泵抽空或发生汽蚀。

(4) 泵出口管线穿孔。

(5) 电动机发生短路或缺相故障。

处理方法：

(1) 维修或更换泵进口阀。

(2) 清理过滤器。

(3) 停泵排气，提升罐内液位，排除汽蚀。

(4) 停泵，关闭穿孔管线两侧阀门进行管线堵漏。

(5) 停泵，由专业电工检查处理电动机故障。

13. 离心泵运行中声音异常的原因有哪些？如何处理？

故障原因：

(1) 泵抽空或过滤器堵塞。

(2) 轴承间隙大或损坏。

(3) 电动机与泵轴不同心。

(4) 泵轴弯曲。

(5) 泵基础不牢，地脚螺栓松动。

(6) 联轴器缓冲胶圈或胶垫损坏。

处理方法：

(1) 停泵，打开放空阀放空，放净泵内气体或清理过滤器。

(2) 更换轴承。

(3) 调整电动机与泵同心度在规定范围内。

(4) 更换泵轴。

（5）加固基础，紧固地脚螺栓。

（6）更换联轴器缓冲胶圈或胶垫。

14. 输油泵压力表指针波动的原因有哪些？如何处理？

故障原因：

（1）管路压力波动大。

（2）输油泵抽空或汽蚀。

（3）机泵振动大。

（4）压力表损坏。

处理方法：

（1）调整控制输油泵排量，使输油泵平稳运行。

（2）停泵，放净泵内气体。

（3）维修机泵减轻振动。

（4）更换压力表。

15. 输油泵启动后发现无压力或压力很小，可能是什么原因造成的？

（1）泵进口阀开度过小或阀板脱落。

（2）过滤器滤网堵塞。

（3）泵进口漏气。

16. 正常运行时，泵压未变的情况下，发现管压下降怎么办？

（1）立即汇报调度。

（2）控制出口阀，降低运行电流。

（3）检查站内外输油管线是否有穿孔现象。

（4）与相关站库联系，进行巡检，听候调度指令。

17. 机械密封泄漏量过大的原因有哪些？如何处理？

故障原因：

（1）动、静环密封圈和密封端面损坏。

（2）密封体内混入杂质，传动座内充满杂质。

（3）固定密封端盖的螺钉松动，引起密封端面偏斜。

（4）泵的轴向窜量和径向振动超过使用技术要求。

（5）轴套与轴之间的密封损坏。

（6）泵高低压密封冷却管堵塞。

处理方法：

（1）更换新机械密封。

（2）清理杂质。

（3）紧螺钉，校正密封端面。

（4）调整轴向窜量和处理径向振动，使其在规定范围。

（5）更换密封元件。

（6）拆下冷却管清除堵塞物。

18. 离心泵机械密封出现突然性泄漏的原因及处理方法是什么？

故障原因：

（1）动环与静环密封面磨损产生裂纹、变形。

（2）弹簧发生腐蚀、断裂、杂物堵塞弹簧间隙发生泄漏。

（3）泵抽空或汽蚀，引起密封端面干摩擦过热损坏。

（4）密封圈失效。

处理方法：

（1）更换动环、静环。

（2）清洗或更换弹簧。

（3）更换新机封。

（4）更换密封圈。

19. 离心泵密封填料过热冒烟的原因及处理方法是什么？

故障原因：

（1）密封填料硬度过大、弹性差。

（2）填料压盖偏斜与轴套摩擦。

（3）水封环位置不正、冷却水不通。

（4）密封填料加的过多，压得过紧。

处理方法：

（1）更换密封填料。

（2）调整填料压盖平行度。

（3）调整水封环位置、使冷却水畅通。

（4）添加合适数量的填料，压入量不少于 5mm。

20. 机械呼吸阀不动作的原因有哪些？如何处理？

故障原因：

（1）卡死。油罐变形导致阀盘导杆歪斜以及阀杆锈蚀的情况下，阀座在沿导杆上下活动中不能到位，将阀盘卡于导杆某一部位。

（2）粘接。油蒸气、水分与沉积于阀盘、阀座、导杆上的尘土等杂物混合发生化学物理变化，久而久之使阀盘与阀座或导杆粘接在一起。

（3）堵塞。机械呼吸阀长期未保养使用，尘土、锈渣等杂物沉积于呼吸阀内或呼吸管内。

（4）冻结。气温变化，空气中的水分在呼吸阀的阀体、阀盘、阀座和导杆等部位凝结，进而结冰，使阀难以开启。

处理方法：

（1）因油罐变形导致阀盘导杆歪斜卡死，待油罐检修后进行更换。

（2）因阀杆锈蚀发生卡死，清理阀杆锈蚀。

（3）清理阀盘、阀座、导杆上油污、灰尘、沉积物等。

（4）定期对机械呼吸阀进行维护保养。

21. 油罐跑油的原因有哪些？如何处理？

事故原因：

(1) 阀门或管线破裂。

(2) 密封垫损坏。

(3) 排污阀开度过大，无人看守。

处理方法：

(1) 立即倒罐。

(2) 更换损坏的密封垫。

(3) 迅速关闭排污阀，排污阀开度不能过大，排污时派专人看守。

22. 油罐抽瘪的原因有哪些？如何处理？

事故原因：

(1) 机械呼吸阀和液压安全阀冻凝或锈死。

(2) 阻火器堵死。

处理方法：

(1) 停止发油，检修机械呼吸阀和液压安全阀。

(2) 停止发油，检修阻火器。

23. 压力表常见故障有哪些？什么原因造成的？如何处理？

压力表在使用过程中常见的三个故障：

(1) 指针不动。

(2) 指针不归零。

(3) 指针跳动。

故障原因：

(1) 阀门未打开、指针和中心轴松动、形齿轮和啮合齿轮脱节。

(2) 扁曲弹簧管失去弹性，指针和中心轴松动。

（3）游丝弹簧失效，传动件生锈或夹有杂物。

处理方法：更换或校对压力表。

24. 阀门常见故障有哪些？发生原因是什么？应如何处理？

故障现象：

（1）阀门关不严。

（2）阀门打不开。

（3）阀门填料渗漏。

（4）阀体与阀盖法兰渗漏。

故障原因：

（1）阀座与阀瓣接触不严密。

（2）阀套螺纹损坏。

（3）阀杆与阀杆螺母之间有杂物或锈蚀，或阀杆与阀瓣脱离，或填料压得过紧。

（4）填料压盖松脱，填料太少，填料磨损。

（5）法兰螺栓松动，法兰螺栓松紧不一致，法兰垫片损坏或法兰间有脏物。

处理方法：

（1）阀杆与阀杆螺母间加润滑油，保证阀门开关灵活。

（2）更换阀套。

（3）阀杆进行润滑和清除杂物，使阀门开关灵活；如果阀杆与阀瓣脱离，应进行解体检修。

（4）调节填料压盖松紧度或更换密封填料。

（5）均匀调整法兰螺栓，更换新垫子，清除法兰间脏物。

25. 收、发清管器操作时发生卡球的原因是什么？如何处理？

故障原因：

（1）发球筒出口阀门没有全开。

（2）清管器没有推到正确位置。

（3）清管器发生变形，无法通过球阀。

处理方法：

（1）检查收、发球球阀是否全开，操作至球阀全开。

（2）若确认收、发球球阀已全开，清管器仍没有通过，应立即打开正常流程进出站阀门，防止憋压。

（3）打开发球筒，检查清管器是否完好，是否发生损坏、变形。

（4）现场指挥人员汇报调度。

注意事项：

在打开发球筒确认前必须先确认流程及筒内压力，避免发生跑油事故。

26. 加热炉自动熄火的原因是什么？如何处理？

故障原因：

（1）干气压力低、来气量少造成加热炉自动熄火。

（2）冬季自耗气管线或阀门冻结。

处理方法：

（1）汇报调度，提高天然气压力。

（2）冬季定时排放燃气中的冷凝液，解堵后，按操作规程点火。

27. 加热炉出口温度突然上升的原因是什么？如何处理？

故障原因：

（1）停泵或排量突然下降。

（2）进口或出口阀门阀板脱落。

（3）燃料压力突然上升。

（4）加热炉发生偏流。

（5）燃烧器油风比例不合理。

处理方法：

（1）启泵加大排量。

（2）维修或更换阀门。

（3）调整燃料压力，降低炉膛温度。

（4）关小未发生偏流的加热炉出口阀门或将偏流的加热炉降火或停炉。

（5）调整油风比例，防止二次燃烧。

28. 加热炉冒黑烟的原因是什么？如何处理？

故障原因：

（1）燃料中重组分增多或分离不彻底。

（2）燃料燃烧不充分，供风不足。

（3）燃料油油温低。

（4）火嘴或炉膛结焦、积炭。

处理方法：

（1）检查并排除分离器和加热炉管线内的液体，打开炉前放空阀，吹扫燃气管线。

（2）检查并调节油风比，加大风量，减小油量。

（3）提高设定温度，增加燃料油温度。

（4）检查火嘴并清理结焦和积炭。

29. 真空加热炉换热效果差的原因有哪些？如何处理？

故障原因：

（1）锅筒内有空气。

（2）负荷太大。

（3）加热盘管内结垢。

（4）燃烧器配风量小，燃料流量小，热负荷小。

（5）烟管内有大量烟灰。

（6）如果是新安装的加热炉，可能是加热炉的设计负荷不够。

处理方法：

（1）检查各密封点，重新启炉、排气和投产。

（2）检查并核对加热介质流量与铭牌流量，应降至小于等于铭牌流量。

（3）清洗或更换新盘管。

（4）更换电动机、风扇叶，加大燃料流量，更换燃烧器。

（5）停炉清理疏通烟管。

（6）重新核实参数并计算，制订措施提高加热炉的热效率。

30. 换热器振动严重的原因是什么？如何处理？

故障原因：

（1）因介质频率引起的振动。

（2）外部管道振动引发的共振。

（3）基础与支座连接处松动。

处理方法：

（1）改变介质流速或改变管束固有频率。

（2）加固管道，减少振动。

（3）紧固基础与支座的螺栓。

参考文献

［1］张清双、尹玉杰、明赐东．阀门手册—选型［M］．北京：化学工业出版社，2013.

［2］陆培文．实用阀门设计手册［M］．北京：机械工业出版社，2002.

［3］应斌．输油工［M］．北京：中国石化出版社，2013.

［4］大庆油田有限责任公司．输油工［M］．北京：石油工业出版社，2013.

［5］《油田油气集输设计技术手册》编写组．油田油气集输设计技术手册［M］．北京：石油工业出版社，1995.

［6］明赐东．调节阀应用 1000 问［M］．北京：化学工业出版社，2009.

［7］魏龙．泵维修手册［M］．北京：化学工业出版社，2009.

［8］牟介刚、李必祥．离心泵设计实用技术手册［M］．北京：机械工业出版社，2015.